KARLHEINZ SCHALDACH

RÖMISCHE
SONNENUHREN

EINE EINFÜHRUNG IN DIE ANTIKE GNOMONIK

VERLAG HARRI DEUTSCH

K. Schaldach ist 1951 geboren. Er studierte Mathematik, Physik und Geographie und ist seit 1978 im Schuldienst tätig. Der Autor forscht seit 1989 über die Geschichte der Naturwissenschaften; er hielt Vorträge und verfaßte Artikel auf dem Gebiet der antiken und mittelalterlichen Sonnenuhren, der Entwicklung der Zahlzeichen, der Inventarisierung wissenschaftlicher Instrumente in Deutschland sowie zum Mathematikunterricht.

Die Deutsche Bibliothek - CIP-Einheitsaufnahme

Schaldach, Karlheinz:
Römische Sonnenuhren : eine Einführung in die antike Gnomonik /
Karlheinz Schaldach. - 2., überarb. Aufl. - Thun ; Frankfurt am Main
: Deutsch, 1998
    ISBN 3-8171-1565-2

ISBN 3-8171-1565-2

2., überarb. Auflage 1998
Umschlaggestaltung: Claudia Müller, Erich Merkl
Druck: Rosch - Buch Druckerei GmbH, Scheßlitz

Für Alex und Elke

Inhaltsverzeichnis

Vorwort zur ersten Auflage

Allein mit historischen oder archäologischen Kenntnissen sind die antiken Sonnenuhren nicht adäquat zu beurteilen. Die Untersuchung solcher Instrumente geht weit über das kulturgeschichtliche Wissen, das die Beschäftigung mit der Antike normalerweise erfordert, hinaus. Für die Beurteilung einer Sonnenuhr und für ihre kulturgeschichtliche Stellung ist vor allem von Bedeutung, daß sie aufgrund mathematischer und astronomischer Erkenntnisse gefertigt wurde und auf dieser Grundlage zu bestimmen ist.

Die vorliegende Schrift wendet sich deshalb in erster Linie an Leser, die mit den naturwissenschaftlichen Grundlagen zur Beurteilung einer römischen Sonnenuhr vertraut werden möchten, darüber hinaus aber an alle, die sich mit Sonnenuhren, der Geschichte der Naturwissenschaften oder den römischen Altertümern im allgemeinen verbunden fühlen.

Um einen größeren Leserkreis zu erreichen, wird gelegentlich gegen die strengen Regeln wissenschaftlicher Arbeiten verstoßen. Lateinische oder griechische Begriffe werden dort, wo es denkbar erschien, übersetzt, Abbildungen auch dort verwendet, wo sie der Fachmann entbehren würde. Auf Fußnoten wird durchgehend verzichtet. Um Formeln rascher aufzufinden, werden sie nach Seiten gezählt. Begriffe werden nur insoweit eingeführt, wie sie im weiteren Verlauf des Textes benötigt werden. Das soll ein leichteres Eindringen in die Prinzipien ermöglichen.

Diesem Ziel dient auch die Beschränkung lediglich auf die römischen Sonnenuhren. Eine Abgrenzung der griechischen Sonnenuhr von der römischen ist in vielen Fällen schwierig, und 'römisch' ist hier vornehmlich im Sinne von 'römerzeitlich und lateinisch' zu verstehen.

Von Bedeutung für diese Schrift ist ebenfalls, daß eine neue umfassende und systematische Untersuchung zur antiken Gnomonik bislang fehlt. Das kann auch keine Einführung, wie die vorliegende, leisten. Doch sie kann und will Perspektiven geben, wie eine solche Gesamtdarstellung durchzuführen wäre.

Die Arbeit ist in fünf Teile gegliedert. Die ersten vier Teile enthalten die mathematischen, astronomischen und geschichtlichen Grundlagen sowie einen Überblick über die verschiedenen Typen. Sie tragen die Voraussetzungen für das Verständnis des fünften Teils bei, in dem von den vier häufigsten Typen jeweils ein Fund aus einem deutschen Museum exemplarisch vorgestellt wird. Hinzu kommt die Untersuchung einer tragbaren Uhr und des Solarium Augusti, der vorgeblich größten antiken Sonnenuhr.

Vor allem in diesem letzten Teil werde ich aufzeigen, daß bisherige Deutungen oft nicht tragen, wenn man sie dem vorurteilslosen Werkzeug der Mathematik unterwirft, und es deshalb notwendig ist, auf dem Gebiet der antiken Gnomonik neue Wege zu gehen, neue Interpretationen zu finden.

Viele der vorhandenen Untersuchungen sind eher zufälliger Natur, ausgelöst durch den neuen Fund einer Uhr und nur diesen behandelnd. Diese Zufälligkeit ist besonders dann augenfällig, wenn verschiedene Autoren dieselbe Sonnenuhr behandeln, aber wegen unterschiedlicher methodischer Ansätze zu verschiedenen Ergebnissen kommen und es unterlassen, diese überprüfbar zu erläutern. Ein einheitliches, normiertes Verfahren, das sowohl eine Vergleichbarkeit als auch eine Überprüfbarkeit der Befunde gewährleisten würde, wäre wünschenswert, wird aber auf absehbare Zeit nicht zu erreichen sein. Trotzdem wage ich einen Schritt in diese Richtung, indem ich ein einfaches Analyseverfahren vorstelle und im letzten Teil anwende, um zu zeigen, wie ein zukünftiger Minimalstandard aussehen könnte.

Die für diese Arbeit benutzten Quellen sind nicht vollständig aufgeführt. Wer sich weiter in die Materie einarbeiten möchte, findet mehr in den folgenden sechs Beiträgen, auf welche im Text immer wieder Bezug genommen wird und die hier in der Reihenfolge ihres Erscheinens aufgeführt sind:

H. Diels, Antike Technik, Leipzig und Berlin 1920 (2.).

J. Drecker, Die Theorie der Sonnenuhren (Die Gesch. d. Zeitmessung u. d. Uhren, Bd. 1), Berlin 1925.

D. J. de Solla Price, Portable Sundials in Antiquity, in: Centaurus 14(1969), S. 242-266.

S. Gibbs, Greek and Roman Sundials, New Haven 1976.

Á. Szabó/E. Maula, Enklima - Untersuchungen zur Frühgeschichte der griech. Astronomie, Geographie und die Sehnentafeln, Athen 1982.

R. R. Rohr, Die Sonnenuhr, München 1982.

Das Buch von *Rohr* ist das zur Zeit beste deutschsprachige Werk über Sonnenuhren im allgemeinen. Es enthält auch ein Kapitel über antike Sonnenuhren. *Gibbs* Dissertation enthält eine zusammenfassende Darstellung über den Bestand der antiken ortsfesten Sonnenuhren, mit einer mathematischen Beschreibung der erfaßten Formen und einer Aufzählung aller von ihr vorgefundenen Exemplare. Sie steht damit in der Nachfolge von *Drecker*, welcher die verschiedenen Formen antiker Sonnenuhren bereits ausführlich mathematisiert hatte. Beide Veröffentlichungen nehmen die Mathematik der Sonnenuhren sehr wichtig, gehen also nur wenig auf meßtechnische und interpretative Schwierigkeiten ein. Dagegen bearbeiten *Szabó/Maula* die Voraussetzungen für Messungen mit dem Schattenstab eng an den antiken Quellen. Schon etwas betagt, aber immer noch wertvoll ist der siebente Vortrag von *Hermann Diels* in seiner "Technik". Schließlich ist noch *Price* zu erwähnen, dessen Inventar der tragbaren Sonnenuhren die Zusammenstellung von *Gibbs* ergänzt. Weitere Literatur, die stets in kursiver Schrift gesetzt wurde, ist gelegentlich am Ende der einzelnen Kapitel angeführt, aber nur dann, wenn im vorhergehenden Text darauf Bezug genommen wurde.

Allen, die mich bei der Abfassung des Textes und der Vermessung der Sonnenuhren unterstützten, sei an dieser Stelle herzlich gedankt, besonders Ulrich Schädler, der den Anstoß dazu gab, Herbert Rau für seine vielfältigen Hilfen und engagierten Kommentare, Mario Arnaldi, der mich über die tragbaren Sonnenuhren in Este und Trieste informierte und die Zeichnungen zu Abb.25 und Abb.28 zur Verfügung stellte, Peter Klemt, der mir die Vermessung der Kasseler Sonnenuhr vermittelte, Walter Scheidt für die Überlassung der Meßdaten der Neusser Uhr und weitere wertvolle Informationen. Mein Dank geht auch an die Antikensammlung der Staatlichen Museen zu Berlin - Preussischer Kulturbesitz -, an Herrn Dr. Klein vom Landesmuseum Mainz und Herrn Dr. Kleineberg vom Städtischen Museum Wiesbaden für ihr freundliches Entgegenkommen bei der Untersuchung der Sonnenuhren und der Bereitstellung von Bildmaterial.

Schließlich möchte ich auch die in jeder Hinsicht hilfreichen Arbeitsmöglichkeiten am Institut für die Geschichte der Naturwissenschaften in Frankfurt am Main nicht unerwähnt lassen, und den für eine solche Arbeit glücklichen Umstand, daß die Weitzelbücherei in meiner Heimatstadt Schlüchtern an den Bibliotheksdienst der Fernleihe angeschlossen ist. Um so bedauerlicher muß ich es empfinden, daß beide Einrichtungen einem wachsenden Rechtfertigungszwang und permanenten Sparbeschlüssen unterworfen sind.

Schlüchtern, den 5.2.1997   Karlheinz Schaldach

4

Vorwort zur zweiten Auflage

Infolge der freundlichen Aufnahme dieses Buches war die erste Auflage schon nach wenigen Monaten vergiffen. Im Einklang damit steht die erfreuliche Tatsache, daß Fragen der historischen Zeitmessung gegenwärtig mit einer größerer Anteilnahme verfolgt werden, als es noch vor Jahren denkbar gewesen wäre.

Da mir eine durchgreifende Änderung der Darstellung noch nicht zweckmäßig erschien, habe ich mich, was den Text betrifft, auf Verbesserungen von Druckfehlern und die Präzisierung einiger Sachverhalte beschränkt. Der Wunsch nach weiteren Literaturangaben wurde, soweit es mir möglich war, berücksichtigt.

Wichtige Hinweise gaben mir Freunde und Korrespondenten. Ohne sie namentlich zu erwähnen, möchte ich an dieser Stelle doch allen meine Verbundenheit zum Ausdruck bringen und ihnen, sowie auch dem Verlag, für die gute Zusammenarbeit danken.

Schlüchtern, im Februar 1998   Karlheinz Schaldach

1. Teil: Grundlagen

1.1 Gnomon, Sonnenuhr, Gnomonik

Unter einem Gnomon soll ein Stab oder ein Ersatzkörper verstanden werden, der entweder senkrecht auf einer Fläche steht oder horizontal angebracht ist und dessen Schatten man beobachten will.

Eine Sonnenuhr besteht aus einem Gnomon oder einem Lochgnomon, das ist eine Lochblende als Ersatz für die Gnomonspitze, und aus einer ebenen oder beliebig gekrümmten, mit Markierungen versehenen Fläche. Aus dem Schattenwurf der Gnomonspitze auf dieser Fläche läßt sich die jeweilige Tageszeit unmittelbar bestimmen.

Trägt ein Stein mehrere Gnomone und Schattenflächen, also verschiedene Sonnenuhren, so wird dieser Stein, um ihn von der üblichen Einzelsonnenuhr zu unterscheiden, als eine Vielfachsonnenuhr bezeichnet.

Die Gnomonik ist nach Vitruv eines der drei Gebiete der Architektur und bedeutet die Lehre von den Uhren. Heute wird der Begriff nur noch auf die Sonnenuhren bezogen.

1.2 Die scheinbare Himmelskugel

Auf einem Schiff, das den Hafen verläßt, schließlich vorbei an der Küste auf das offene Meer hinausfährt, ist die Wahrnehmung besonders intensiv: Alles was zunächst nahe war, entfernt sich schnell, aber Berge und hohe Küsten weichen nur langsam. Ein fernes Gebirge begleitet uns durch Stunden. Mond oder Sterne jedoch gehen mit, als wären sie an einer gewaltigen Kuppel festgeklebt. Kein Zurückbleiben ist ihnen anzumerken.

Aus der unmittelbaren Erfahrung erwuchs das naturwissenschaftliche Weltbild der Antike: eine lichter-besteckte Kugel und in ihrer Mitte die Erde (Abb.1). In diesem Raum bewegten sich die Ideen der Astronomen. Was auch immer jenseits von der Sphäre oder scheinbaren Himmelskugel vorhanden sein mochte, es war nicht mehr die Welt der Wissenschaft, sondern die der Götter und seligen Geister.

Über die Beschaffenheit der Sphäre und der Sterne gab es verschiedene Meinungen. So hielten einige die Sterne für Löcher in der Himmelskugel, andere glaubten, sie wären an der Kugel befestigt wie Nägel. Die meisten griechischen Astronomen jedoch sahen in ihr lediglich den Hintergrund für das Schauspiel der Bewegungen der Himmelskörper, wie es von der Erde aus zu sehen ist.

Abb.1

Folgt man dieser antiken Vorstellung, so müßte man die Erde im Verhältnis zur Himmelskugel allerdings viel kleiner einzeichnen. Die Erde dürfte nicht viel größer sein als ein Punkt. Aber dann könnte man die Erdteile auf ihr nicht mehr erkennen. Darum soll Abb.1 so verstanden werden, als würde man dort den Mittelpunkt, also die Erde, durch ein Vergrößerungsglas betrachten.

Diese Vorstellung soll auch für Abb.2 gelten. Der Mensch "oben" auf der Erde sieht nur ein kleines Stück von ihr, das sich von E bis E erstreckt. Was er sieht, erscheint ihm wie auf einer Scheibe befindlich, die sich bis zum Himmel dehnt, von s bis n, bis zum Rund der scheinbaren Himmelskugel. Dies ist der Horizont des Beobachters. Wollen wir seinen Horizont "richtig" zeichnen, so müssen wir das Vergrößerungsglas wegnehmen. Dann sinkt der Horizont auf die Mitte der Weltkugel herab und geht von S bis N, von seinem Südpunkt bis zu seinem Nordpunkt. In Abb.2 sind außerdem noch O und W, der Ost- und Westpunkt des Horizonts, die auf einer Senkrechten zur Verbindungslinie von S und N liegen, eingezeichnet.

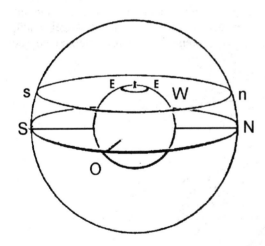

Abb.2

Darauf sei ausdrücklich hingewiesen: Immer, also auch, wenn die Darstellungen es nicht besonders zeigen, hat man sich nach der antiken Vorstellung den Beobachter, das ist der Mensch oder sein Instrument, die Gnomonspitze, in das Zentrum der scheinbaren Himmelskugel zu denken.

1.3 Die scheinbare Bewegung der Sonne

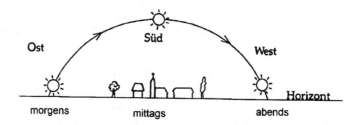

Abb.3

Nur scheinbar ist auch die tägliche Bewegung der Sonne von Ost nach West. Dabei entstehen Tagbögen, die im Winter kürzer und flacher, im Sommer länger und höher sind (Abb.3).

Für einen Beobachter, der die Tagbögen der Sonne vom Mittelpunkt der Himmelskugel aus betrachtet, werden diese zu Teilstücken einer jährlichen Sonnenbahn, die sich spiralförmig zwischen den Kreisbahnen der beiden Solstitien (Sonnenwenden, heute gleichbedeutend mit Winterbeginn und Sommerbeginn) um die Achse der scheinbaren Himmelskugel windet (Abb.4). Da die täglichen Winterkreise vorwiegend unterhalb der

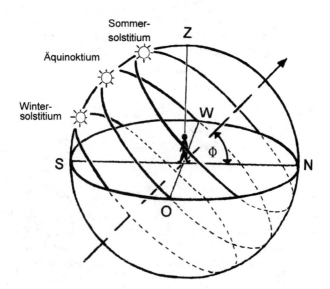

Abb.4

Horizontebene liegen, sind die Tagbögen im Winter kürzer. Im Sommer liegen diese Tagkreise vorwiegend oberhalb des Horizonts. Also sind die Tagbögen dann länger. Zu den Zeitpunkten der Äquinoktien (Tagundnachtgleichen, heute gleichbedeutend mit Herbst- und Frühlingsbeginn) bewegt sich die Sonne im sogenannten Himmelsäquator. Das ist ein Großkreis, der wie der Horizontkreis die Himmelskugel genau halbiert, aber senkrecht zur Achse steht.

Zu den Äquinoktien geht die Sonne genau durch die Punkte O und W, Ost- bzw. Westpunkt des Horizontes. Der Tagbogen ist dann ein Halbkreis und ist genauso lang wie der in Abb.4 gestrichelte Nachtbogen.

In der Abbildung dargestellt ist noch die Polhöhe Φ, das ist der Winkel zwischen Horizont und Himmelsachse, die immer auf den Nordstern zeigt, sowie der Punkt Z senkrecht über dem Beobachter. Er heißt Zenit. Durch Z, N und S geht ein weiterer Großkreis, der Meridian. Im Meridian erreichen die täglichen Sonnenbahnen ihren höchsten Punkt über dem Horizont. Zu diesem Zeitpunkt ist Mittag. Deshalb nennt man den Meridian auch Mittagslinie.

1.4 Die astronomischen Koordinatensysteme

Nach der Größe der scheinbaren Himmelskugel zu fragen ist müßig. Denn den Radius dieser "Idee" kann man sich beliebig groß vorstellen. Für mathematische Betrachtungen ist auch nur die Richtung von Interesse, in der der Beobachter B im Zentrum der Kugel die Sonne sieht. Um ihren Ort eindeutig festzulegen, nimmt man üblicherweise die beiden folgenden Koordinatensysteme, die jeweils auf zwei senkrecht zueinander stehenden Winkeln basieren.

Das Horizontsystem beruht auf den Winkelkoordinaten Höhe h und Azimut a. Das Azimut a ist der Winkel zwischen dem Meridian und dem Großkreis BSZ senkrecht zum Horizont, auf welchem sich die Sonne S zu einem bestimmten Zeitpunkt befindet. Das Azimut wird vom Südpunkt aus gezählt, und zwar über W von 0° bis 180° und über O von 0° bis -180°. Wenn zur Zeit der Tagundnachtgleiche die Sonne genau im Osten aufgeht, ist $a = -90°$,

10

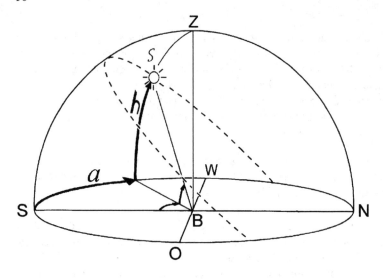

Abb. 5

bei Sonnenuntergang ist $a = 90°$. Zur Mittagszeit hat a immer $0°$. Auch die Höhe h ist keine Strecke, sondern der Winkelabstand der Sonne über dem Horizont und kann zwischen $0°$ (auf dem Horizont) und $90°$ (im Zenit Z) liegen (Abb.5).

Die Bewegung der Sonne ist jedoch nicht nur eine Bewegung im Raum, sondern auch eine Bewegung mit der Zeit. Man hat deshalb noch ein weiteres System, welches ich als Zeitsystem bezeichnen möchte. Seine Koordinaten heißen Stundenwinkel t und Sonnendeklination d (aus historischen Gründen meist mit δ bezeichnet).

Unter der Sonnendeklination d wird der datumsabhängige Winkelabstand der Sonne vom Himmelsäquator verstanden. Himmelsäquator heißt jener Großkreis, welcher senkrecht zur Himmelsachse steht. d ist zu den Äquinoktien $0°$ und steigt bis zum Sommersolstitium auf ca. $24°$. Dieser Wert, die sogenannte Schiefe ε der Ekliptik, ist nicht konstant, sondern ändert sich langsam im Laufe der Jahrhunderte (vgl. 4.5). Ihren tiefsten Punkt erreicht die Sonne zur Zeit des Wintersolstitiums mit einer Deklination von ca. $-24°$. Jedem Tag des Jahres wird so ein neues d zugeordnet (vgl. 4.3).

Der Stundenwinkel t wird auf dem Äquatorkreis vom Meridian aus gezählt, über W bis $180°$ und über O bis $-180°$ (Abb.6). Für einen bestimmten Tag des Jahres bleibt d konstant und nur t ändert sich. Der gesamte Tageswinkel, den t dabei beschreibt, ist von Tag zu Tag verschieden. Er ist am größten im

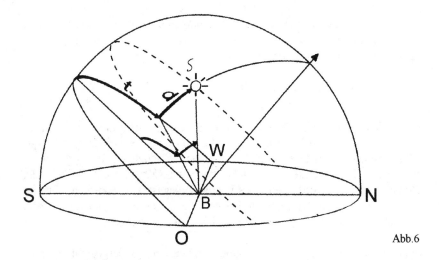

Abb.6

Sommersolstitium und am kleinsten im Wintersolstitium. An den Äquinoktien ist er genau 180° groß.

Ein Zusammenhang zwischen den Koordinaten wird durch

$$(\text{F } 11) \qquad \sin h = \sin \Phi \cdot \sin d + \cos \Phi \cdot \cos d \cdot \cos t$$

beschrieben. Diese Formel ist vor allem für die Untersuchung tragbarer Sonnenuhren wesentlich.

1.5 Die Stunden

In der Antike kannte man zwei Verfahren, den gesamten Tageswinkel zu unterteilen. Dabei entstanden Temporalstunden oder Äquinoktialstunden.

Um Temporalstunden zu erhalten, muß man den halben Tageswinkel gleichmäßig durch sechs teilen. Eine entsprechende Teilung gilt auch für die Nacht. Tag und Nacht sind aber nur zweimal im Jahr, und zwar an den Äquinoktien, von gleicher Dauer, so daß die Längen der Temporalstunden von der Jahreszeit bzw. der jeweiligen Sonnendeklination d abhängig sind. Den halben Tageswinkel erhält man durch Einsetzen von $h = 0$ in (F 11) und die Länge einer Temporalstunde damit aus

(F 12) $t_d = \frac{1}{6} \cdot \arccos|\tan \Phi \cdot \tan d|$

Unter den astronomisch Gebildeten kannte man auch die gleich langen Stunden, wie sie noch heute verwendet werden. Sie heißen auch Äquinoktialstunden, weil ihre Länge den Temporalstunden an den Äquinoktien entspricht Der gesamte Tageswinkel hat dann 180° und eine Stunde also 15°, weil sie der zwölfte Teil eines lichten Tages ist. Bedenkt man, daß eine Stunde 60 Minuten hat, dann sind, wenn die Sonne im Äquinoktium einen Winkel von 1° zurücklegt, gleichzeitig 4 Minuten vergangen.

In der Zeichnung werden beide Stunden einander gegenübergestellt (Abb.7).

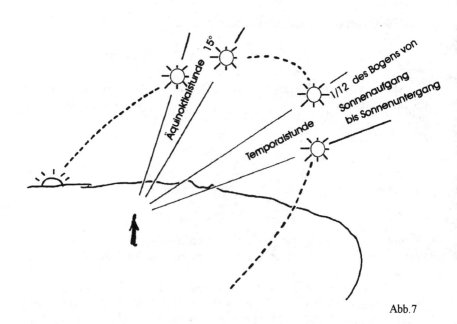

Abb.7

1.6 Der Meridianschnitt

Meist reicht es aus, sich die Sonne nur im Meridian zu vergegenwärtigen. Sie hat dann ihren Tageshöchststand erreicht. Es ist Mittag, $t = 0$ und (F 12) wird zu

(F 13,1) $\sin h = \sin \Phi \cdot \sin d + \cos \Phi \cdot \cos d$.

Schneidet man die scheinbare Himmelskugel am Meridian auf, entsteht ein Kreis bzw., da wir uns nur für den lichten Tag interessieren, ein Halbkreis, in welchem die Himmelsachse liegt.

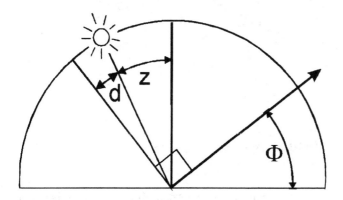

Abb.8

Steht die Sonne im Meridian gilt folgendes: Die Summe aus der Sonnendeklination d und dem Winkelabstand zwischen Zenit und Sonnenort, der Zenitdistanz z, und ist stets so groß wie die Polhöhe Φ (vgl. Abb.8):

(F 13,2) $\Phi = d + z$.

Auf diesen Halbkreis läßt sich auch die Bewegung der Sonne für einen lichten Tag abbilden. Praktischerweise wählt man dafür eine Orthogonalprojektion. Der Sonnenbogen wird dabei orthogonal, also senkrecht, auf den Meridianschnitt abgebildet. Die Kreisbahn der Sonne wird zu einer Strecke (Abb.9).

14

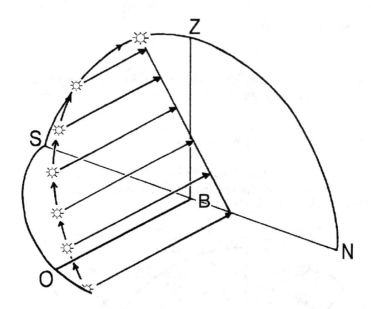

Abb.9

1.7 Polhöhe und Ortsbreitewinkel

Werfen wir noch einmal einen vorläufig letzten Blick auf die scheinbare Himmelskugel. Es ist der antiken Betrachtungsweise nicht fremd, wenn man sich die Bewegung der Sonne vor dem Hintergrund der sich ebenfalls bewegenden Sphäre gleichsam wie in einer riesigen Maschine vorstellt, durch unsichtbare Kurbelwellen und Stangen verbunden mit einer unermeßlichen Achse, die durch den Mittelpunkt der Erde bis zum Nordstern reicht und sich dabei lautlos, gleichmäßig und unermüdlich dreht.

Ob man die vorgestellte Achse nach rechts neigt oder nach links, wie es in manchen Büchern und auch in Abb.10 der Fall ist, ist für einen Betrachter "von außerhalb" gleich. Man stelle sich nur vor, man würde sich bei Abb.10 hinter der scheinbaren Himmelskugel befinden, dann wäre für einen Beobachter an diesem Standort die Achse wieder nach rechts geneigt wie in Abb.4.

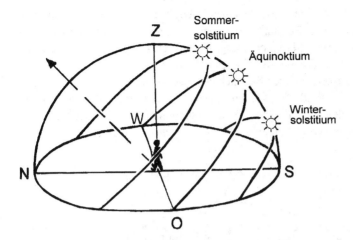

Abb.10

Aber wie ist es um die Achsenneigung bestellt, ist sie auch beliebig? Die Erfahrung lehrt etwas anderes: Je weiter man an einem beliebigen Tag des Jahres nach Süden kommt, um so höher wird der Tagbogen, und je weiter man nach Norden kommt, um so flacher wird er.

Da die Sonne auf Bahnen senkrecht zu dieser Achse rotiert, ändert sich also mit dem Ortsbreitewinkel φ eines Standortes auch seine Polhöhe Φ. Das Modell Himmelskugel, so wie es bisher dargestellt wurde, galt also immer nur für ein bestimmtes φ. Ein Beobachter mit einem anderen Ortsbreitewinkel sieht auch den Nordstern in einer anderen Richtung (Abb.11).

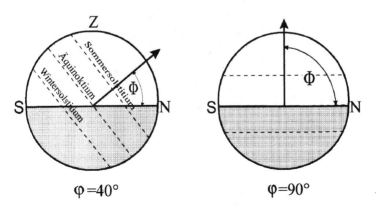

$\varphi = 40°$ $\varphi = 90°$ Abb.11

Wie ist nun der exakte Zusammenhang zwischen der Polhöhe Φ und dem Ortsbreitewinkel φ? Betrachten wir dazu den Meridianschnitt der Himmelskugel und die Erde unter einem Vergrößerungsglas (Abb.12). Eingezeichnet sind neben den Winkeln φ und Φ auch die Größenpaare s und n sowie S und N, welche die Horizonte des Beobachters beschreiben (vgl. 1.2). Dabei wird deutlich: $\varphi = \Phi$. Beide Winkel sind zwar nicht identisch, aber sie sind der Größe nach gleich. Man darf sie also untereinander austauschen. In den späteren Kapiteln wird deshalb nur noch von φ die Rede sein.

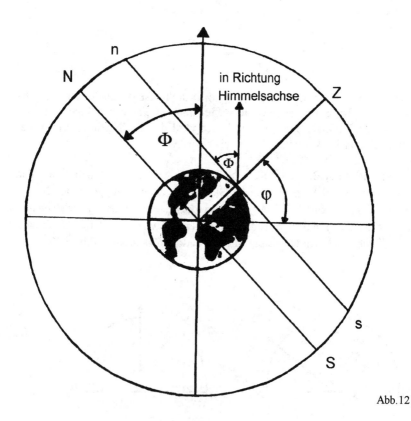

Abb.12

2. Teil: Zur Geschichte

2.1 Wie die Sonnenuhr erfunden wurde

Berossos, einst Chaldäerpriester,
In einem Tempel eng und düster,
Er war's, der die Idee gebar,
Die vorher, nicht vorhanden war.

Ihm war zum Beten und zum Essen
Von Wichtigkeit, die Zeit zu messen.
Und zwar kam's diesem Gottesmann
Auf die genauen Zwölftel an
Des lichten Tags, der dann beginnt,
Sobald das Gold der Sonne glimmt,
Bis abends es dann rot versiegt,
Wobei der Tag dazwischen liegt.

Es gab das Problem schon seit langem,
Der Sonne Schatten so zu fangen,
Daß er so, wie die Sonne eilt,
Den Tag in gleiche Stunden teilt.

Abb. 13

18

Berossos aber, sei's im Schlaf
Sei's wach, des Nagels Kopf wohl traf.
Indem er überlegt und sagt:
"Der Himmel, der uns überragt,
Erscheint uns kuglig als Gewölbe.
Der Skaphe Höhlung tut dasselbe,
Nur spiegelbildlich umgekehrt."
Nun, die Idee hat sich bewährt!

Es zieht auf Kreisen, ohne Fehle,
Der Schatten durch der Schale Höhle,
Genau wie auf dem Himmelsbogen
Die Sonne täglich kommt gezogen,
Ein wenig tiefer oder eher
Datumsbezogen etwas höher.

Im Sommer ist der Bogen lang,
So, wie's entspricht dem Sonnengang,

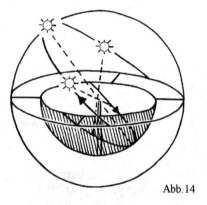

Abb.14

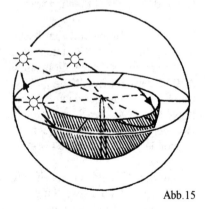

Im Winter kurz, und wie man weiß,

Abb.15

Zur Halbzeit dann ein halber Kreis.

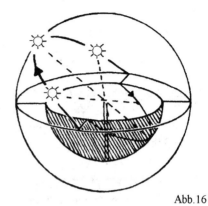

Abb.16

Und dieser Halbkreis zeigt die Stunden,
Wenn Tag und Nacht gleich lang sich runden.
Ansonsten ist, wie jeder weiß,
Täglich verschieden dieser Kreis.
(War alles schon mal drangewesen,
man möge eins Punkt drei nur lesen.)

Maßgebend war die Zeigerspitz,
Beziehungsweise deren Sitz
Im Mittelpunkt der Kugelschale.
Doch merkte man mit einem Male,
Daß Stein, der vor dem Bogen lag,
Entbehrlich war. Nun Schlag für Schlag

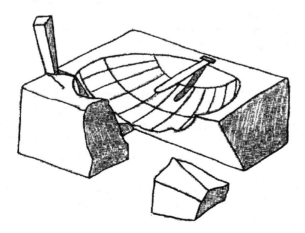

Abb.17

Entfernte man, was zu nichts nütze.
Doch halt! Wo blieb des Zentrums Stütze?
Die Antwort hieß in diesem Fall
Höchst einfach, kurz: Horizontal!

So kam die Skaphe nach Athen
Und Rom, wo in Museen
Sie heut' noch der bewundern kann,
Der von der Zeit ist angetan.

nach *H. Schumacher, Sonnenuhrballade, in: Schriften der Freunde alter Uhren 20(1981), S. 201-203.*

2.2 Die "Sonnenuhr" des Achas

Manches an dieser hübschen Geschichte ist sicherlich falsch, denn die frühesten bekannten Sonnenuhren stammen aus der Zeit vor Berossos, wurden in Ägypten gefunden und haben nicht die geschilderte hohlkugelige Form. Diese ist nach dem Zeugnis des römischen Baumeisters Vitruv von Aristarchos von Samos erfunden worden, der im 3. Jh. v. Chr. lebte. Von der zeitlichen Einordnung her könnte das stimmen. Denn die Skaphe setzt die scheinbare Himmelskugel voraus, welche in Griechenland nicht vor dem 4. Jh. v. Chr. bekannt gewesen ist *(Boehme)*. Dagegen ist der Babylonier Berossos, Gründer einer Astrologenschule auf Kos, jünger. Entsprechend schreibt ihm Vitruv lediglich den weiterentwickelten, "abgeschnittenen" Typ zu.

Aber vielleicht enthält die Geschichte auch einen wahren Kern. Denn in den meisten griechischen Quellen wird Babylonien als jenes Land bezeichnet, von wo aus der Gnomon als Zeitmesser zu den Griechen gekommen sei. Das soll im 6. Jh. oder 5. Jh. v. Chr. gewesen sein. Von Herodot, der selbst in Babylon war, ist bekannt, daß die Menschen dort Gnomone kannten.

In diesem Zusammenhang ist von Bedeutung, daß der Begriff Gnomon in der Antike noch eine zweite Bedeutung hatte. Er war Schatteninstrument, aber

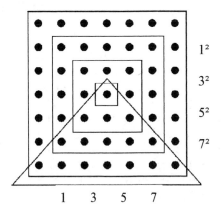

1^2

3^2

5^2

7^2

1   3   5   7

Abb.18

auch, erstmals seit der Zeit der Pythagoreer, eine symmetrische Anordnung von Punkten mit dem Zweck, dadurch Zahlen und Zahlenfolgen darzustellen. Abb.18 zeigt im Quadrat die Folge der ersten vier ungeraden Quadratzahlen und im Dreieck die Folge der ersten vier ungeraden Zahlen.

Ein von oben bzw. von vorne betrachteter babylonischer Stufentempel ergibt dieselbe geometrische Figur. Tatsächlich haben Messungen von *Stapleton* an diesen Zikkurat genannten Bauwerken zu Kantenlängen geführt, deren Verhältnisse denen solcher figurierter Zahlen entsprechen.

Für die babylonische Herkunft des Gnomons spricht auch ein weiterer Beleg. Seit der griechischen Bibelübersetzung des Symmachus und insbesondere der lateinischen Vulgata wird in der christlichen Überlieferung als erste Sonnenuhr jene des jüdischen Königs Achas bezeichnet, der sein Land vermutlich von 736 bis 716 v. Chr. regierte.

Gemäß dem zweiten Buch der Könige ereignete sich unter der Regierung von König Hiskia an einem schattenwerfenden Gegenstand, den sein Vorgänger, König Achas, hatte erbauen lassen, ein Wunder, indem der Schatten daran nicht zehn Stufen vorwärts, sondern zehn Stufen rückwärts wanderte. Daß dieser Gegenstand eine Sonnenuhr war, kann aus dem Urtext nicht erschlossen werden. Dies auch deshalb, weil das Hebräische des Alten Testaments noch kein Wort für "Stunde" kennt. Wohl aber handelt es sich hier um die exakte Beobachtung eines wandernden Schattens in Abhän-

22

gigkeit von der Zeit, darüber hinaus um einen Gnomon, wenn man das Bild der Zikkurat vor Augen hat.

Diese Vermutung wird durch eine andere Stelle im zweiten Buch der Könige unterstützt. In Kriege mit den Aramäern und Israeliten verwickelt, wandte sich Achas an den mächtigen Assyrerkönig Tiglatpileser III. mit der Bitte um Unterstützung. In Damaskus kam es zu einem Treffen der beiden, wo Achas einen ihm neuartigen Altar erblickte, der ihm so gefiel, daß er ihn zu Hause nachbauen ließ. Wenn es sich dabei um dasselbe Bauwerk handelte, an dem auch das Wunder der "rückläufigen Zeit" stattgefunden hat, so war es mit großer Wahrscheinlichkeit eine babylonische Zikkurat. Denn wäre der Altar in Damaskus nicht von den assyrischen Eroberern errichtet worden, hätte ihn Achas mit Sicherheit schon vorher gekannt. Da aber damals die Babylonier

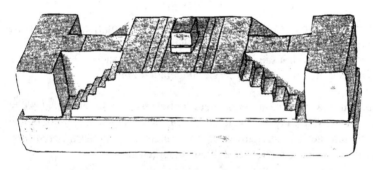

Abb.19

Untertanen der Assyrer waren und in den astronomischen Dingen als führend galten, ist durchaus denkbar, daß der Altar ihr Werk und also ein Stufenaltar gewesen ist (*Rohr, S. 14-16*).

Ein tragbarer Zeitmesser aus dem 6. Jh. v. Chr., der einer babylonischen Zikkurat und möglicherweise der "Sonnenuhr" des Achas ähnelt, wurde in Ägypten gefunden und befindet sich in Kairo (Abb.19; *Borchardt, S. 37-39*). Die Skalenteilung durch die Stufen und auf der horizontalen Auffangfläche weist bereits auf eine Zwölfteilung des Tages hin, doch ist sie bereits an noch älteren Sonnenuhren anzutreffen. So entnimmt man einem Exemplar aus der Zeit Thutmosis' III (ca. 1500 v. Chr.) zwölf Tagesstunden, wenn man zu den zehn angezeigten Stunden noch zwei Dämmerungsstunden ergänzt, und die früheste Darstellung einer Sonnenuhr im Kenotaph von Sethos I (ca. 1300 v. Chr.) in Abydos enthält als Hinweis, daß zu den acht meßbaren Stunden noch zwei Stunden für den Morgen und zwei für den

23

Abend zu addieren seien (*Böker, Sp. 2375*). Anders als bei einem von *Pingree* interpretierten babylonischen Text aus dem 7. Jh. v. Chr., lassen sich aber aus diesen vagen Angaben die temporalen Stunden noch nicht eindeutig ableiten (vgl. auch *Neugebauer, S. 86*). Diese sind vermutlich erst in Babylonien präzisiert worden, ehe sie dann - laut Herodot - von den Griechen gemeinsam mit dem Gnomon übernommen wurden.

H. Boehme, Oinopides. Astronomie und Geschichte, (voraussichtlich 1998) in: DMV-Fachsektion Geschichte der Mathematik, Calw 1997. — H. E. Stapleton, The Gnomon, in: Ambix 6(1957), S. 1-9. — L. Borchardt, Altägyptische Zeitmessung (Die Gesch. d. Zeitmessung u. d. Uhren, Bd. 1, Lieferung B), Berlin 1920. — R. Böker, Zeitrechnung I, in: Pauly's RE A,2, Sp. 2338-2454. — D. Pingree/E. Reiner, A Neo-Babylonian Report on Seasonal Hours, in: Archiv für Orientforschung 25(1974/1977), S. 50-55. — O. Neugebauer, The Exact Sciences in Antiquity, New York 1969.

2.3 Altgriechische Zeitmessung

Über den genauen Einsatz des Gnomons geben die frühen griechischen Quellen keine Auskunft, doch ist wahrscheinlich, daß man ihn zunächst nicht als Stundenzeiger, sondern nur zur Bestimmung der Sonnenwenden benötigte. Darauf läßt der Ausdruck Heliotropion, Sonnenwend-Anzeiger, schließen, der synonym für Gnomon gebraucht wird. Von Meton (ca. 450 v. Chr.) wird erzählt, er habe in Athen mit einem solchen Gnomon die Sonnenwenden beobachtet und dabei ein beträchtliches Aufsehen erregt. Ähnliche Gnomone gab es auch in Theben und in Syracus. Letzterer wird als "weithin sichtbarer, hoher Sonnenwend-Anzeiger" beschrieben (*Plutarchos, Diog. 29*). In der Odyssee heißt es im 15. Gesang, auf der Insel Syria sei ein Ort, an dem man die Wenden der Sonne sehen könne. Hinter dieser Formulierung kann man eine mächtige Säule vermuten, die mit ihrem Mittagsschatten die Wenden anzeigte (*Szabó/Maula, S. 39*). Auch Thales soll zwei Bücher über die Wenden und die Tagundnachtgleiche verfaßt haben.

Zunächst war jedoch nur die Einteilung in Sommer und Winter üblich. Das Jahr begann mit dem Sommer, was durch den Frühaufgang der Plejaden angezeigt wurde. Daß sich die astronomische Teilung des Jahres nur langsam durchsetzte, zeigt sich bei Hippokrates aus Ios. Seine Vierteilung ist noch ganz von alten Vorstellungen beherrscht: Winter (vom Frühuntergang der Plejaden Anfang November bis zum Frühjahrsäquinoktium), Frühling (bis zum Frühaufgang der Plejaden ab Mitte Mai), Sommer (bis zum Frühaufgang des Arktur ab Mitte September) und Herbst. Diese Unterteilung des Jahres nach dem Umschwung des Sternenhimmels entsprach den klimatischen Verhältnissen und einem auf die Schiffahrt angewiesenen Volk. So war der Frühaufgang der Plejaden für die Bauern das Zeichen, mit der Ernte zu beginnen, der Frühuntergang, mit dem Pflügen. Mit dem Frühaufgang dieses hellsten Sternhaufens begann für die Schiffer die günstige Zeit, mit dem Frühuntergang die gefährliche. Daneben gab es noch den Brauch, die Öffnung der Schiffahrt im Februar durch das Wehen des Zephyrs, das Beenden durch das Aufkommen der Etesien im September anzukündigen.

Die Tageszeit wurde zunächst mit Hilfe des Gnomons "menschlicher Körper" vermessen. Dazu gehörte es, die Schattenlänge entsprechend dem jeweiligen Sonnenstand in "Füßen" anzugeben. Beispielsweise heißt es in einem Schauspiel von Aristophanes, geschrieben um 390 v. Chr., daß die Männer in einem Staat, der von Frauen regiert würde, sich nur noch darum zu kümmern hätten, essen zu gehen, sobald der Schatten 10 Fuß lang ist. Das Meßverfahren basierte auf der Annahme, daß die Körperlänge eines

Abb.20

Menschen mit seiner Fußlänge immer im selben Verhältnis steht. Meist wurde ein Verhältnis von 7:1 angenommen (Abb.20).

Erst im 4. Jh. v. Chr. setzten sich im Alltagsleben der Griechen die temporalen Stunden durch. Zumindest kann nunmehr Ωρα als Teil des Tages vermehrt nachgewiesen werden (*Langholf*). In der Literatur ist dabei eine zweifache Bedeutung auszumachen, entweder als Zeitabschnitt oder als Zeitpunkt. Es kann also hora sexta die Zeitspanne der sechsten Stunde, aber auch das Ende der sechsten Stunde bezeichnen. Auch die äquinoktialen Stunden waren bekannt. Ihre Verwendung blieb jedoch auf den wissenschaftlichen Bereich beschränkt.

Mit Einführung der Stunde veränderte sich auch die Art der Schattenmessung mittels des menschlichen Körpers. Man begann, Schattentafeln anzulegen, Tabellen, in denen für jeden Monat die Schattenlängen des Körpers den temporalen Stunden zugeordnet sind. Aus ca. 200 v. Chr. stammt die älteste, die erhalten geblieben ist. Aus römischer Zeit stammt eine Tabelle, die sich an einem Tempel in Nubien befand, sowie die Tafel des Palladius in seinem Buch über die Landwirtschaft. Noch im Mittelalter hatten solche Tabellen eine große geographische Verbreitung.

Plutarchi chaeronensis quae supersunt omnia I-XII (hrsg. v. J. G. Hutten), Tübingen 1791. — V. Langholf, Ωρα = Stunde - Zwei Belege aus dem Anfang des 4. Jh. v. Chr., in: Hermes 101(1973), S. 382-384.

2.4 Frühe Sonnenuhren in Rom

Bis zur Einführung der Sonnenuhr war der lichte römische Tag zunächst nur in vier Abschnitte unterteilt. Gliedert man diese Tageszeiten nach dem Ablauf der Stunden, ergeben sich folgende Zeiträume:

mane	von Sonnenaufgang bis Schluß der 3. Stunde
ad meridiem	vom Beginn der 4. Stunde bis Schluß der 6. Stunde
de meridie	vom Beginn der 7. Stunde bis Schluß der 9. Stunde
suprema	vom Beginn der 10. Stunde bis Sonnenuntergang

Abb.21

Diese Vierteilung des Tages, deren Abschnitte von dem Amtsdiener des Prätors ausgerufen wurden, hat sich auch später noch neben der Zwölfteilung behaupten können. Davon zeugt eine Sonnenuhr auf einer Stele aus dem 2. Jh., welche in einer römischen Villa bei Bettwiller (Elsaß) gefunden wurde und sich im Archäologischen Museum in Straßburg befindet. Neben der zwölfteiligen Stundenskala weist sie auch eine vierteilige auf. Bloß vierteilig ist eine Sonnenuhr auf einem Mosaik aus dem 4. Jh. im Museum von Antakya (Abb.21). Die Inschrift ist zu lesen als "Die neunte Stunde ist vergangen", vermutlich ein Hinweis auf die täglichen Mußestunden, die ab diesem Zeitpunkt begannen (vgl. auch *Martial* in 2.5). Ein weiteres Beispiel ist das Berliner Hemicyclium (vgl. 5.4), bei dem die dritte, sechste und neunte Stundenlinie besonders markiert sind. Bei diesen spätrömischen Funden sind christliche Einflüsse nicht auszuschließen, denn auch die Klosterregel des Heiligen Benedikt bewirkt eine solche Vierteilung des Tages.

Über die frühen römischen Sonnenuhren geben vor allem zwei Texte Auskunft, die "Naturkunde" von Plinius Secundus (1. Jh.) und die "Betrachtungen zum Tage der Geburt" von Censorinus (3. Jh.). Faßt man die in dieser Beziehung sehr ähnlichen Inhalte zusammen, ergibt sich folgendes:

o   die Stundenzählung ist mit der Sonnenuhr aus dem griechischen Kulturkreis nach Rom gekommen,

o   in den Zwölftafelgesetzen aus dem 5. Jh. v. Chr. werden noch keine Stunden erwähnt, sie sind also erst danach in Rom eingeführt worden, o   die erste Sonnenuhr auf dem Forum wurde um 263 v. Chr. aufgestellt und war eine Kriegsbeute aus Catania; nach dieser richtete man sich 99 Jahre; weil sie jedoch auf die Ortsbreite Siziliens abgestimmt war, ließ man schließlich eine genauere Uhr danebenstellen, welche den Breitenunterschied von mehr als 4° für Rom berücksichtigte.

Wir dürfen demnach ein Aufleben der Kunstfertigkeit, Sonnenuhren zu entwerfen und zu bauen, in Rom erst ab dem 2. Jh. v. Chr. vermuten.

Von da an begannen sich die Vorteile einer Zeitplanung im öffentlichen Leben durchzusetzen, vor allem in den Städten. Denn keine andere damalige Gemeinschaft war derart heterogen. Auf engstem Raum lebten Patrizier, Kaufleute, Unternehmer, Handwerker, Beamte und Sklaven. Alle diese Menschen hatten eigene Interessen, Beziehungen und Verpflichtungen untereinander und gegenüber der Gemeinschaft als Ganzes. Die Notwendigkeit einer zeitlichen Koordination war somit gegeben.

2.5 Die Verbreitung der Sonnenuhren im römischen Reich

Für die meisten Aufgaben im öffentlichen und mehr noch im privaten Bereich genügte eine ungefähre Zeitplanung, bei der es lediglich auf Stunden- oder Halbstundengenauigkeit ankam. Der Dichter *Martial* schildert einen solchen Tagesablauf wie folgt: "Dient die erste und zweite Stunde dem Gruße am Morgen, ruft die dritte des Rechts heißere Schwätzer ans Werk. Bis zur fünften, da gibt es in Rom gar manche Geschäfte, in der sechsten ist Ruh und in der siebenten Schluß. Um gesalbt zu ringen, genügt bis zur neunten die achte, denn die neunte verlangt, daß man sich streckt auf dem Pfuhl." Eine genauere Tagesteilung kannten nur die Astronomen.

Es ist deshalb nicht verwunderlich, wenn die Genauigkeit der Stundenlinien bei vielen Funden zu wünschen übrig läßt. Geringe Anforderungen der Auftraggeber waren preiswert zu erfüllen und hielten auch die Qualität der Steinmetzarbeiten niedrig. Das erklärt, wieso man für die erstaunlich hohe Anzahl von 35 in Pompeii gefundenen Sonnenuhren, was eine Sonnenuhrendichte bedeutet, wie sie nie mehr erreicht werden sollte, sowohl von der Ausführung als auch vom Material eine im Durchschnitt schlechtere

Qualität feststellen kann, als für ein ähnlich reiches Vorkommen auf Delos (*Gibbs, S. 91f*).

Daß dennoch eine Reihe sehr schöner römischer Exemplare gefunden wurde, hat vielleicht mit einer gewissen Mode zu tun. Beamte, auch in den kleineren Städten, begannen nämlich, ihre öffentlichen Plätze mit auf Pfeilern gestellten, besonders verzierten Sonnenuhren zu schmücken. Da die Zeitmesser sich immer mehr in Bäder- und Bewässerungsanlagen bewährten, wohlhabende Leute sich den privaten Luxus leisteten, eine solche Uhr in ihre Häuser und Villen zu stellen, oder zu den Gräbern ihrer Angehörigen, wieder andere, sie ihren Freunden oder Gönnern zu stiften, gehörten die Sonnenuhren bald zum Alltagsleben der Römer, wobei auch der kultische Bereich nicht ausgespart blieb, wie Funde in Zirkussen, Tempeln und einem Mithras-Heiligtum belegen (*Lentz/Schlosser*).

In Malerei und Dichtung wurden die Zeitmesser einbezogen. Vasen, Münzen und Mosaiken zeigen sie in verschiedenen Ansichten, Verse rühmen oder verdammen ihr Vorhandensein. Für *Artimodoros von Daldis* gar, der im 2. Jh. n. Chr. lebte, war die Sonnenuhr ein Traumsymbol, das er wie folgt deutete: "Die Uhr bedeutet Handlungen, Unternehmungen, Bewegungen und Inangriffnahme von Geschäften. Alles nämlich, was die Menschen tun, vollbringen sie in Hinblick auf die Stunden. Deshalb ist es übel und verhängnisvoll, wenn eine Uhr zusammenfällt oder zerbricht."

Nicht jedermann war von den Uhren begeistert. In einer Komödie aus plautinischer Zeit wird der Erfinder der Stunde und der Sonnenuhr verflucht, die den Tag in Stücke schneidet. Denn einst sei der Bauch die Uhr gewesen, unter allen die beste und die einzig richtige. Sie habe zum Essen gemahnt, wenn auch nichts zum Essen vorhanden war. Jetzt aber entscheide die Sonne, ob man Hunger haben dürfe oder nicht. Daß jedoch die Stadt nunmehr voll mit Sonnenuhren sei, wie der Autor die Ausführungen seiner Figur beschließen läßt, ist aber eine für seine Zeit maßlose Übertreibung und deshalb nur als literarischer Kunstgriff zu deuten (*Kubitschek, S. 191*).

Martial, Epigramme (übers. v. R. Helm), Zürich 1957. — W. Lentz/W. Schlosser, Ein Gnomon aus einem südwestdeutschen Mithräum, in: Hommages á M. J. Vermasseren (Leiden 1978), S. 590-608, Tafeln. — Artimodoros von Daldis (übers. v. K. Brackertz), Traumbuch III, Zürich 1979. — W. Kubitschek, Grundriß der antiken Zeitrechnung, München 1927.

3. Teil: Sonnenuhrentypen

3.1 Die Sonnenuhren bei Vitruv

Die bekannteste römische Schrift über Sonnenuhren ist der Abschnitt über die "Gnomonik" in der dem Kaiser Augustus gewidmeten "Baukunst" des Architekten Vitruv.

Ob die "Baukunst" mehr ist als bloß eine sachkundige Schrift über die antike Technik, darüber gehen die Meinungen auseinander. Man hat darin zu sehr ein Anlehnen an nicht mehr vorhandene griechische Quellen gesehen und eine Behandlung von Fragen, die zu seiner Zeit gar nicht wesentlich waren. Für die Zeit des Augustus, so sagen die Kritiker, habe sie keine Bedeutung gehabt.

Für die Sonnenuhren kann dies so nicht behauptet werden. Astrologie und Gnomonik als Kerngebiete der angewandten Astronomie erlebten ganz im Gegenteil gerade im ersten vorchristlichen Jahrhundert ihren Aufstieg in Rom - und das unter engem Bezug auf die griechischen Vorbilder.

Vitruv war hier also ganz auf der Höhe seiner Zeit. Die Sonnenuhren, die er erwähnt, spiegeln sich in den erhaltenen Exemplaren wider, existierten in Athen und in Rom, waren nicht nur theoretisches Konzept, sondern Realität.

Seine Aufzählung von 13 verschiedenen Bezeichnungen für Sonnenuhren im 9. Buch seiner "Baukunst", mit der Angabe, wer sie jeweils behandelt hat, verzeichnet bis auf Berossos nur Griechen, was für deren Erfindungsreichtum auf dem Gebiet der Gnomonik spricht.

Die einzelnen Bezeichnungen mit Verfertigernamen werden von ihm in der folgenden Reihenfolge gegeben:

o Hemicyclium excavatum ex quadrato ad enclimaque succisum (der Chaldäer Berossos),

o Scaphe oder Hemisphaerium (der Grieche Aristarchos von Samos aus dem 3. Jh. v. Chr.),

o Discum in planitia (der Grieche Aristarchos von Samos),

o Arachne (die Griechen Eudoxos von Knidos aus dem 4. Jh. v. Chr. oder Apollonios von Perge aus dem 3. Jh. v. Chr.),

o Plinthium oder Lucanar (der Grieche Skopinas von Syracus),

o πρὸς τὰ ἱστορούμενα (der Grieche Parmenion),

o πρὸς πᾶν κλίμα (die Griechen Theodosius und Andreas);

o Pelecinum (der Grieche Patrokles)

o Conum (der Grieche Dionysodoros),

o Pharetram (der Grieche Apollonios),

o Conarachne,

o Conicum plinthium (eine andere Überlieferung bezeichnet diesen Typ als Engonaton),

o Antiboreum.

Neben weiteren Typen, die Vitruv, offenbar wegen ihrer Seltenheit, nicht mehr einzeln erwähnt, kennt er auch Anweisungen zum Verfertigen von

Reisehängeuhren (viatoria pensilia). Für diese Sonnenuhren ist neben πρὸς τὰ ἱστορούμενα vor allem der Typ πρὸσ πᾶν κλίμα von Bedeutung, was so viel heißt wie "für jede Ortsbreite geeignet" (vgl. auch 4.5 und die Erläuterungen zum Begriff κλίμα bzw. Klima)

Die knappe Aufzählung Vitruvs, ohne jegliche weitere Erläuterung, sagt leider nicht allzu viel aus und hat deshalb zu mannigfaltigen Mutmaßungen Anlaß gegeben, welche Typen von Sonnenuhren sich hinter welchen Bezeichnungen verbergen. Eine erschöpfende Auskunft über den Stand dieser Diskussion gibt *Gibbs* im 3. Kapitel ihrer Schrift. Ohne eine konsequente Auswertung weiterer, vor allem auch arabischer Quellen, ist jede konkrete Aussage in dieser Beziehung jedoch zweifelhaft, um so mehr, als alle älteren Schriften über Sonnenuhren, auf die sich Vitruv bezieht und die er vermutlich noch kannte, verloren sind.

Nur in einem Fall herrscht Einigkeit. Der Typ wurde bereits in Kapitel 2.1 beschrieben und dargestellt. Danach kann es sich bei der Sonnenuhr des Berossos nur um einen kugelförmig gehöhlten Stein handeln, der gemäß der Ortsbreite, an der er aufgestellt werden soll, abgeschnitten wurde.

3.2 Zur Sonnenuhrenschrift des Cetius Faventinus

Daß auch von anderen Beiträge über Sonnenuhren veröffentlicht wurden, wissen wir durch Vitruv. Doch nur noch eine weitere römische Schrift ist erhalten, in der einzelne Sonnenuhrentypen genauer als bei Vitruv beschrieben werden. Sie stammt von Cetius Faventinus aus dem beginnenden 4. Jh. *(Plommer, S. 32)*.

Der noch immer weithin unbekannte Text, eine ausführliche Beschreibung von Bauten der Spätantike in der Nachfolge Vitruvs mit einer ergänzenden Behandlung der Sonnenuhren, liegt in drei Editionen vor. Die früheste Edition des Sonnenuhrenteils wurde von *Polenus* aufgrund nur einer Handschrift verfaßt. Die Edition von *Rose* beruht auf drei, die nahezu identische von *Krohn* auf fünf Codices, deren älteste aus dem 9. Jh.

stammen. *Plommer* und *Pattenden*, bei ihren Übersetzungen ins Englische, berufen sich auf *Rose*.

Faventinus gibt seinem Leser von Anfang an klar zu verstehen, er habe kein wissenschaftliches Werk schreiben wollen, sondern er habe sich dafür entschieden, nur kurz das Wichtigste in einfachen Worten zu erklären und vorzustellen, was vor allem für Privatleute von Interesse ist. Faventinus erweist sich in seiner Schrift auch tatsächlich als "intelligenter" Sachbuchautor, mit einem gutem Grundwissen in der Architektur seiner Zeit. Ein Experte in Sonnenuhren war er allerdings nicht. Er bringt das durch seine Wortwahl auch immer wieder zum Ausdruck. Deshalb vermag ich *Pattendens* vernichtender Kritik nicht ganz zuzustimmen. Offenbar hatte er dabei andere Sonnenuhren vor Augen, als Faventinus sie in seiner Zeit gesehen hat. Beispielhaft dafür sind die von *Pattenden* gegebenen Zeichnungen, die er als richtig dem seiner Meinung nach falschem Text gegen überstellt. Tatsächlich steht keine der Beschreibungen des Römers im Widerspruch zu den Funden, und er irrt nur dort, wo er Angaben aus einem Fachbuch mißversteht. Man darf sich deshalb auch durch seine in einer einfachen Sprache gehaltenen Darstellung nicht beirren lassen. Sie resultiert nicht aus einem Mangel an Sehkraft, sondern an Kompetenz, und war, nimmt man seinen Prolog ernst, auch zum Teil so beabsichtigt. Seine Beschreibungen sollten deshalb als durchaus wirklichkeitsnah angesehen werden.

Cetius Faventinus beginnt seine Ausführungen über die Sonnenuhren mit der Feststellung, es gebe viele verschiedene Typen, am einfachsten aber, und deshalb wolle er nur diese behandeln, sei das Prinzip des Pelecinum und des Hemicyclium zu verstehen.

H. Plommer, Vitruvius and Later Roman Building Manuals, Cambridge 1973. — I. Polenus, Exercitationes Vitruvianae Primae, Patavii 1739. — V. Rose, Vitruvii De architectura libri X, Lipsiae 1867. — F. Krohn, Vitruvii De architectura libri X, Lipsiae 1912. — P. Pattenden, Sundials in Cetius Faventinus, in: The classical quaterly 29(1979), S. 203-212.

3.3 Das Pelecinum bei Cetius Faventinus

Zunächst beschreibt Faventinus das Pelecinum. Es werde so genannt, weil es aus zwei steinernen oder marmornen Tafeln besteht, die oben breiter und unten enger geschnitten sind. Beide Tafeln sind von gleicher Größe, und beide haben fünf gerade Linien, die einen Winkel mit dem Rand bilden, der die sechste Stunde bezeichnet. Mit dem Raum vor der ersten Stundenlinie und dem Raum nach der elften Stundenlinie ergeben sich so die zwölf Stundenfelder.

Um die Stundenlinien zu konstruieren, verbinde man die Platten gleichmäßig miteinander und lege sie hin. Sodann schlage man einen kleinen Kreisbogen um einen Punkt der Verbindungslinie, von da ab beginnen die Stundenlinien, dann einen größeren Kreis um denselben Punkt, von solcher Größe, daß dieser gerade den Rand der Platten berührt und von dem Schatten des Gnomons im Sommer erreicht wird.

Über die ungleichen Größen der Abstände zwischen den Stundenlinien könne er keine Auskunft geben, da, wie man sehe, teils größere, teils kleinere Sonnenuhren aufgestellt zu werden pflegen. Und außerdem sei fast jedermann ständig in Eile, um noch mehr wissen zu wollen, als nur, die wievielte Stunde es habe.

Am Ende werde der Gnomon dann noch im höchsten Punkt der Begrenzungslinie angebracht, und zwar so, daß er ein wenig nach innen gebogen ist, um die Stunden mit seinem Schatten anzuzeigen, und alles so aufgestellt, daß der Teil mit der zehnten Stunde genau nach Osten zeigt, wie es an vielerlei Beispielen zu sehen sei.

Das Bild, das sich aufgrund dieser Beschreibung ergibt, hat wenig zu tun mit dem, wie das Pelecinum oft verstanden wurde: als eine Horizontaluhr, deren Liniennetz aufgrund des Namens das Aussehen einer Doppelaxt hat (z. B. bei *Diels, S. 179*). Aus dem Text geht statt dessen eindeutig hervor, daß nicht das Netz, sondern der Stein wie eine Doppelaxt geformt ist. Auch kann es sich nur um eine Vertikalsonnenuhr handeln, denn nur bei dieser ist der Datumsbogen am größten, wenn die Sonne am höchsten steht. Bei einer Horizontaluhr wäre es genau umgekehrt. Daß Faventinus bei den Datumslinien von Kreisen statt korrekterweise von Hyperbeln spricht, ist demgegenüber zweitrangig.

Der Text wäre allerdings kaum zu verstehen gewesen, hätten sich nicht etliche Sonnenuhren erhalten, die genau der Beschreibung entsprechen (Abb.22). Es sind nur vage die Stunde anzeigende, spätrömische Exemplare.

Zunehmend führten geringe gesellschaftliche Ansprüche zu Vereinfachungen bei der Konstruktion von Sonnenuhren und so zu einem Niedergang der Gnomonik. Damit einher ging vermutlich auch die Umdeutung von Begriffen und die Akzentuierung des Wesentlichen. War das Pelecinum zu Zeiten Vitruvs vielleicht noch jene exakt berechnete ebene Uhr, wie sie *Diels* vorschwebte und anhand eines Wiesbadener Exemplars noch behandelt wird (5.1), so war sie in ihrer neuen Form viel einfacher zu konstruieren und, wegen der vertikalen Stellung der Platte, leichter zu betrachten, um die Uhrzeit von ihr abzulesen.

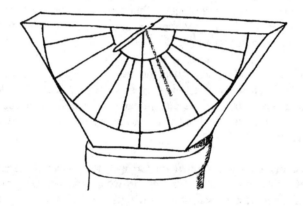

Abb.22

3.4 Das Hemicyclium bei Cetius Faventinus

Auch der zweite Typ des Faventinus erfuhr eine bemerkenswerte Neuerung. Die äußere Form der Hohlkugelsonnenuhr ist nahezu die gleiche, wie sie schon Vitruv für das "Hemicyclium excavatum ex quadrato ad enclimaque succisum" angibt, mit dem Überstand oben und der Verschmälerung unten. Interessant aber ist die weitere Beschreibung.

Im Innern einer kugelförmigen Höhlung stellt Faventinus drei Kreise fest, einen ganz oben, einen in der Mitte der Höhlung und einen nahe am Rand.

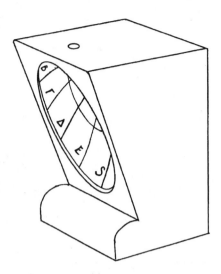

Abb.23

Vom kleineren Kreis bis zum größeren verlaufen elf gerade Linien im
gleichen Abstand voneinander, es sind die Stundenlinien, welche in der Gegend des größeren Kreises mit Stundenzahlen versehen sind. Oberhalb des
kleinen Kreises, und zwar "per medium hemicyclium", findet er eine ziem-
lich dünne, gleichmäßig ebene Platte mit einem runden fingerstarken Loch.
Durch dieses Loch fallen die Sonnenstrahlen, im Winter zum kleineren
Kreis, an den Äquinoktien zum mittleren Kreis und im Sommer zum
größeren Kreis.

Faventinus zeichnet hier das Bild einer Hohlkugelsonnenuhr mit Lochgnomon. Seine Beschreibung kann man so lesen, daß sich das Loch auf mittlerer
Höhe befindet und daß der Gnomon (vgl. Abb.17) durch eine aufgelegte
Platte mit Loch ersetzt ist. Solche Sonnenuhren sind allerdings bislang noch
nicht gefunden worden. Es könnte sich deshalb auch um eine Uhr handeln,
wie sie in Abb.23 dargestellt ist. Allerdings befindet sich hier das Loch im
Zenit der Kugel.

Über die Art der Stundenzahlen gibt er keine Auskunft. Sie sind selten
vorzufinden, doch wenn sie auftreten, sind sie wie folgt zu lesen (in Klammern ihre jeweilige Bedeutung): A(1), B(2), Γ(3), Δ(4), E(5), S(6), Z(7),
H(8), Θ(9), I(10), IA(11), IB(12). Bis auf das S ist dies die Folge der griechischen Zahlzeichen. S steht für Semis und galt im römischen Reich als
Zeichen für die Hälfte (hier des lichten Tages).

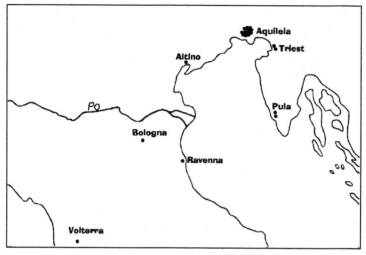

Abb.24

Von einer Ausnahme abgesehen, sind bislang alle bekannten 29 Funde mit Lochgnomon, also von der Art, wie sie in Abb.23 dargestellt ist, nur auf römischem Boden gefunden worden. Abb.24 zeigt eine Karte mit den Fundorten (sieben liegen außerhalb der Karte). Ihre Lage und die Entstehungszeit der Schrift des Faventinus verdichten sich zur Aussage, daß im 3. Jh. und in der Gegend um Aquileia dieser Uhrentyp vermehrt gefertigt wurde.

Seine Herkunft jedoch ist in Griechenland zu suchen. Denn sein ältester Vertreter ist Teil der Vielfachsonnenuhr des Andronikos Kyrrhestes auf Tinos, desselben Andronikos, der auch den Turm der Winde in Athen mit seinen acht Vertikalsonnenuhren errichten ließ.

Seit dem 1. Jh. v. Chr., als Andronikos wirkte, begannen sich Handwerker aus allen Teilen des Reiches für den aufstrebenden Küstenort Aquileia zu interessieren und sich dort niederzulassen. Es ist anzunehmen, daß auch ein kundiger griechischer Sonnenuhrenbauer unter ihnen war, um in der neuen Heimat seine Kenntnisse gewinnbringend zu vermarkten. Aus diesen Anfängen entwickelte sich im Laufe der Jahrhunderte ein offensichtlich gutgehendes Unternehmen, das seine Uhren bis Rom und sogar Pompeii exportierte. Auf eine gemeinsame Herkunft lassen formale Ähnlichkeiten unter den einzelnen Funden schließen. Von dem bedeutendsten Exemplar dieser Art, das von einem Hercules horarius getragen wurde und noch im 16. Jh. in Ravenna stand, sind allerdings nur mehr Reste erhalten (Abb.25, *Arnaldi*).

37

Abb.25

Unter den römischen Funden befindet sich jedoch noch keine mit Stundenzahlen und auch keine Vielfachsonnenuhr, wie sie Faventinus weiter beschreibt: Man könne sie nämlich noch raffinierter gestalten, indem man an die rechte bzw. linke Außenwand zusätzliche Sonnenuhren anbringt.

Zu diesem Zwecke sind dort jeweils fünf gerade Linien einzuzeichnen und außerdem drei kreisförmige Linien in gleichem Abstand, und zwar die letzteren so, daß die eine nahe der rückwärtigen Kante, wo auch jeweils die Schattenstäbe plaziert werden, die zweite in der Mitte der Fläche und die dritte nahe der vorderen Kante zu liegen kommt. Der Schatten folgt dann diesen Bögen im Winter, Frühling und Sommer. Die Schattenstäbe, die nahe an der hinteren Kante befestigt werden, sollen, um die Stunden anzuzeigen, auch hier eine leichte Krümmung erhalten. Dann wird auf der einen Seite die Vormittagssonne, auf der anderen, der gegenüberliegenden Seite, die Nachmittagssonne sechs Stunden anzeigen (Abb.26).

Nicht mehr zu verstehen ist leider, was Faventinus abschließend als Frucht einer Fachlektüre ausgibt. Er schreibt nämlich, über die genaue Konstruktion

38

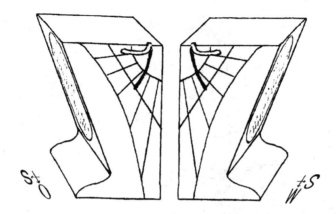

Abb.26

der Stundenlinien habe er ein Buch zurate gezogen, worin folgendes geschrieben stehe: Die erste und sechste Stunde sollen denselben Abstand voneinander haben wie die siebente und die zwölfte, die zweite und die fünfte Stunde wie die achte und die elfte, die dritte und die vierte wie die neunte und die zehnte. Es gebe noch eine andere Möglichkeit, um die Beziehung zwischen den Stunden und dem Abstand der Linien voneinander genauer zu bestimmen, aber er wolle das übergehen, da es sich um eine längere Ausführung handele. Schließlich gebe es nur einige Gewissenhafte, die sich um solche Feinheiten kümmerten. Den meisten Menschen komme es ja nur darauf an, die Stunde zu wissen.

Es ist einem Laien auf dem Gebiet der Sonnenuhren wie Faventinus zuzugestehen, daß er sich nicht um die Feinheiten kümmerte, wie jener, daß die Äquinoktiallinien tatsächlich geradlinig und nicht, wie die anderen Datumslinien, bogenförmig verlaufen. Auch liegen die Fußpunkte der Gnomone sehr ungünstig. Denn die Stäbe sind stark zu krümmen, damit deren Schattenspitzen zur Tagundnachtgleiche die Äquinoktiallinien nachzuzeichnen vermögen. Doch ist seine Beschreibung zweier ebener Sonnenuhren, einer Ostuhr für die Vormittagsstunden und einer Westuhr für die Nachmittagsstunden, auch hier ernst zu nehmen, da er eine konkrete Uhr vor Augen hatte.

M. Arnaldi, Il Conchincollo, l'antico orologio di Ravenna, Ravenna 1996.

3.5 Die Klassifizierung der Sonnenuhren nach Gibbs

Da die überlieferten Typenbezeichnungen eindeutige Benennungen der gefundenen Exemplare nicht zuließen, hat *Gibbs* in ihrem Inventar eine moderne Aufteilung der verschiedenen Sonnenuhren vorgenommen, wobei sie sich eng an *Drecker* anschließt.

In der folgenden Aufstellung, die *Gibbs* Klassifizierung leicht abgewandelt übernimmt, wird in der Klammer zunächst auf das entsprechende Buchkapitel oder andere Literatur verwiesen. Die Zahl hinter dem Schrägstrich bezeichnet die jeweilige Anzahl der Funde nach *Gibbs*. In dieser Zahl sind griechische und römische Funde enthalten. Die bei *Gibbs* einzigartigen Funde, also 1., 2.b, 3.c, 4.a und 4.b, sind alle griechischer Provenienz. In jenen Fällen, in denen nur Bruchstücke geborgen werden konnten, so daß eine einwandfreie Zuweisung nicht mehr zweifelsfrei möglich war, wurde der Fund der zahlenmäßig am stärksten vertretenen Untergruppe zugeordnet. Bei der Zählweise ist zu beachten, daß lediglich solche Vielfachsonnenuhren, deren Schattenflächen verschiedene Krümmungen aufweisen, unter Gruppe 6 zu finden sind.

1. Kugelsonnenuhren (*Fantoni/* 1)

2. Hohlkugelsonnenuhren
   a) mit kugelmittiger Gnomonspitze (2.1/ 74)
   b) mit nicht kugelmittiger Gnomonspitze (*Rehm/* 1)
   c) mit Lichteinlaßöffnung im Zenit der Kugel (3.4 und 5.4/ 23)

3. Kegelsonnenuhren
   a) mit über der Horizontfläche liegender Kegelspitze (5.5/ 106)
   b) mit unter der Horizontfläche liegender Kegelspitze (*Gibbs Nr. 3050* und
      Nr. 3107/ 2)
   c) mit auf der Horizontfläche liegender Kegelspitze (*Gibbs Nr. 3109/* 1)

4. Zylindersonnenuhren
   a) mit vertikaler Achse (*Gibbs Nr. 6001/* 1)
   b) mit erdachsparalleler Achse (*Gibbs Nr. 6002/* 1)

5. Ebene Sonnenuhren
   a) mit horizontaler Schattenfläche (5.1/ 15)

b) mit vertikaler Schattenfläche (3.3 und 3.4 (Abb.26)/ 25)

6. Vielfachsonnenuhren (*Drecker [11. Kapitel]*/ 6)

Gibbs Inventar enthält demnach 256 Exemplare. Die meisten dieser Funde hatte sie selbst gesehen und untersucht, andere entnahm sie verstreuten Veröffentlichungen. Viele Sonnenuhren wurden so erstmals publiziert.

Das geborgene Material ist aber weit umfangreicher. So weiß ich von ca. 20 Quellen, die *Gibbs* entgangen waren, und von ca. 40, die seit Erscheinen ihres Katalogs entdeckt wurden - *Cardosa, Gavrić/Tadić, Valdés, Locher, Arnaldi* und *Scheidt* haben allein auf 26 Funde aufmerksam gemacht -, so daß mir eine Anzahl von über 340 nachweisbaren Stücken heute als realistisch erscheint, ohne jene zu zählen, die zwar in Inventarien vermerkt, aber inzwischen verschollen sind. Schon *Gibbs* hatte in ihrer Untersuchung mit Bemerkungen wie "unlocated" oder "could not be located for examination" verschiedentlich darauf hingewiesen. Vor allem zerbrochene Exemplare sind oft nicht wieder aufzufinden.

G. Fantoni, Due orologi solari greci: i globi di Prosymna e di Matelica, in: Archeologia e astronomia (Revista di archeologia, suppl. 9), Roma 1991, S. 100-106, Tafeln. — A. Rehm, Eine Zwillingssonnenuhr aus Pergamon, in: Athener Mitteilungen 36(1911), S. 251-268. — G. Cardosa, Quadrante solar romano de Freiria, in: O Arqueólogo Portugues, Série IV, 5(1987), S. 219-224. — S. Gavrić/M. Tadić, Rimski Sunčanik iz Šarića Struge, in: Geografski Pregled 33/34 (1989/90), S. 78-80. — M. M. Valdés, El reloj romano de Segobriga, in: Analema 7(Madrid, 1993), S. 13-15. — K. Locher, Three further Greco-Roman conical sundials from Palmyra, Naples and Abu Mina, in: Journal for the History of Astronomy 26(1995), S. 159-163. — M. Arnaldi, Due frammenti di orologio solare romano al Museo Nazionale di Ravenna, in: Ravenna Studi e Ricerche 3(1996), S. 13-28. — W. R. Scheidt, Die azentrische sphärische Sonnenuhr aus Herdonia, in: Ordona IX, Études de Philologie, d'Archéologie et d'Histoire ancienne publ. par l'Inst. hist. belge de Rome, vol. XXXIV, Bruxelles-Rome 1997, S. 383-406.

3.6 Die tragbaren Sonnenuhren

Gibbs Inventar der steinernen Uhren hat seine Entsprechung in der Zusammenstellung der tragbaren Sonnenuhren durch *Price*. Sein Bericht wiederum ist vor allem durch *Buchner* vervollständigt worden.

Die tragbaren Uhren waren hängend in Gebrauch zu nehmen, um so aus der jeweiligen Sonnenhöhe die Uhrzeit zu ermitteln. Schon Vitruv nennt sie deshalb auch treffend viatoria pensilia, Reisehängeuhren. Hingegen sind horizontale Uhren, bei denen man die Stunde aus dem jeweiligen Azimut hätte ablesen können, aus der Antike nicht zu erwarten. Man benötigt zu ihrer Einstellung die genaue Nord-Süd-Richtung, welche man erst seit der Erfindung des Kompasses schnell und problemlos erhält.

Buchner hat die Reiseuhren des Imperium Romanum in zwei Gruppen aufgeteilt, in Uhren, die genau genommen nur für eine Ortsbreite zu verwenden waren, und solche, die sich für mehrere Ortsbreiten oder alle Klimata (vgl. 4.5) eigneten, auf die also die Vitruvschen Bezeichnungen πρὸς τὰ ἱστορούμενα oder πρὸς πᾶν κλίμα passen würden.

Hier ist, wie bei Gibbs, eine Einteilung rein nach äußeren Merkmalen gewählt worden. Jeder Typ wird kurz beschrieben und ist abgebildet. Da der Sonnenuhren-Corpus von *Price* inzwischen überholt ist, er nannte 11 Exemplare, schließt sich eine Liste aller 20 bisherigen Funde an. Uhren mit griechischen Inschriften sind oströmisch bzw. byzantinisch. Frühere griechische Funde sind nicht bekannt. Die lateinischen Exemplare sind also merkwürdigerweise die älteren, obwohl sich Vitruv ausdrücklich auf griechische Erfindungen beruft und auch seine Wortwahl hier griechisch ist.

Typ I besteht nur aus einem Exemplar, dem "Schinken von Portici" (Abb.27 aus *Le pitture*). Diese vielleicht bekannteste tragbare Uhr der Antike mit einer merkwürdigen, schinkenförmigen Gestalt wurde 1755 in Herculaneum ausgegraben, ist ca. 116 mm lang und bis 80 mm breit. *Price* vermutete, daß die Uhr ursprünglich eine andere Form besaß, während *Diels* sie als "Scherzartikel" einstufte. Sicher ist, daß einige Teile abgebrochen sind, vor allem der ursprüngliche Gnomon. *Drecker* wollte, daß die Uhr für ihren Fundort ($\varphi = 41°$) am Mittag optimale Werte liefert und legte deshalb die Gnomonspitze nicht genau über den Schnittpunkt von Horizontallinie und Sommersolstitiallinie, das ist die linke Begrenzungslinie der Schattenfläche, sondern etwas daneben (*Drecker, S. 58f*). Wenn man aber davon ausgeht, daß das Liniennetz auf dem "Schinken" weniger durch Probieren, als vielmehr aufgrund einer Vorlage zustande kam, so ist doch für die Gnomonspitze eher ein Ort vertikal über diesem Schnittpunkt anzunehmen, da dieser einfacher ermittelt werden konnte. Schon *Beeck* hatte dafür Berechnungen angestellt, aber weniger gute Ergebnisse als *Drecker* erhalten. Tatsächlich lassen sich aber die Resultate verbessern, wenn man eine niedrigere Ortsbreite und einen Abstand von 14 cm über der Platte wählt (*Schaldach*).

Für den Gebrauch ist es notwendig, den jeweiligen Monat zu wissen. Die Sommersolstitiallinie markiert den Beginn des Monats Juli. Die Wintersolstitiallinie ganz rechts steht für den Beginn des Monats Januar. Dreht man die Uhr so, daß die Schattenspitze des gekrümmten Gnomons genau auf die jeweilige Datumsvertikale fällt, kann man die Stunde ablesen: Die Horizontale steht für Sonnenaufgang oder Sonnenuntergang, die Kurve darunter für den Beginn der zweiten bzw. der zwölften Stunde usw.; die tiefste Linie ist die Mittagslinie.

Auch zu Typ II gibt es nur einen Fund, die Reiseuhr in Mainz, die ausführlich in Kapitel 5.6 beschrieben wird.

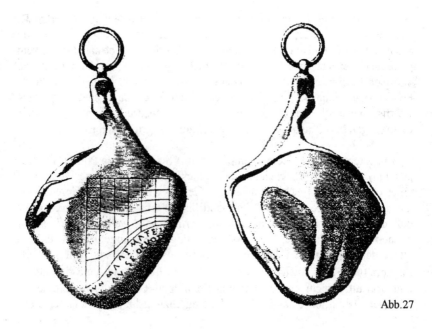

Abb.27

43

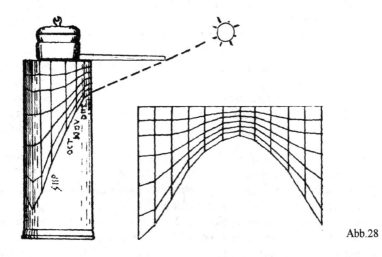

Abb.28

Das einzige bislang bekannte und zu Typ III gehörende Exemplar schlummerte fast 100 Jahre unerkannt im Museum zu Este (bei Padua), bis es als Sonnenuhr entdeckt wurde (*Arnaldi/Schaldach*, Abb.28). Es handelt sich um eine Zylindersonnenuhr mit einer Höhe von 6,2 cm und mit zwei verschieden langen Gnomonen, einer für die Sommermonate, der andere für die restlichen Monate gedacht. Die Uhr war für die Ortsbreite von Este bestimmt. Der abgerollte Zylindermantel in Abb.28 zeigt die Nähe dieses Typs zu dem "Schinken von Portici".

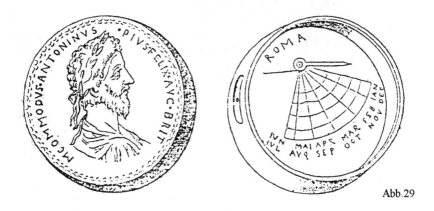

Abb.29

Zu Typ IV gehören kleine runde Bronzebüchschen, mit einem Lochgnomon in der seitlichen Wand und einer oder mehreren Einlegescheibchen innen (*Buchner 1976*). Diese hatten verschiedene Lineaturen, so daß man sie je nach Region austauschen konnte. Die kreisförmigen Linien geben die Stunden an. Die oströmischen Exemplare Nr. IV.5 und Nr. IV.6 haben statt dem Loch einen Dorn als Gnomon. Die Uhren Nr. IV.3 (Abb.29, aus *Secchi*) bis IV.6 sind als Medaillons gefertigt mit einem Kaiserkopf auf dem Deckel. Ein Zeiger, den man über das Liniennetz schieben kann, hilft bei der Einstellung.

Eine ganz außergewöhnliche Uhr ist der einzige Fund zu Typ V (Abb.30, aus *Gounaris*). Es handelt sich um eine Ringsonnenuhr mit drei Ringen, einem Haltering von 7,3 cm Durchmesser, einem Stundenring und einem Meridianring, der aus zwei voneinander unabhängig beweglichen Hälften besteht. Auf dem Meridianring sind vier Skalen eingraviert, jede für eine andere Ortsbreite. Vor dem eigentlichen Meßvorgang muß der Stundenring zunächst auf die benötigte Skala gedreht werden, wobei die jeweilige Deklination zu beachten ist. Die Uhr ist so zu halten, daß der Sonnenstrahl durch

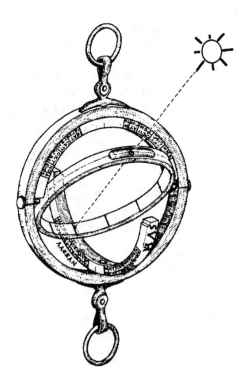

Abb.30

den Lochgnomon genau auf den Stundenring fällt. Der Meridianring steht an den Äquinoktien und ansonsten immer am Mittag genau in Nord-Süd-Richtung, so daß die Uhr außer der Zeit die Himmelsrichtungen anzeigen kann.

Uhren, die auf jeden Ort zwischen Äquator und Nordpol eingestellt werden können, sind die zu Typ VI (*Buchner 1971* und *Field/Wright*). Auch wenn die lateinischen Exemplare lediglich eine Einteilung der Ortsbreite von 30° bis 60° besitzen, so ist dies keine prinzipielle Beschränkung sondern nur eine auf das Kerngebiet des Römischen Reiches. Da ein korrekter Gebrauch der Uhr die Kenntnis der Ortsbreite voraussetzt, wurden die für den Eigentümer wichtigen Orte mit ihren Ortsbreitewinkel eingraviert.

Stellvertretend ist das Exemplar aus Oxford abgebildet (Abb.31). Es besteht aus einer Bronzescheibe (Mater), die in der Mitte vertieft ist, so daß außen einer schmaler Rand (Limbus) überkragt, auf dem die Ortsbreiten von XXX (30°) bis LX (60°) eingraviert sind. Am Limbus befestigt ist die Aufhängelasche. Durch sie wird ein Faden gezogen, um die Sonnenuhr bei der Messung zu halten. In der Mater befindet sich eine durchbohrte Platte mit zwei zueinander punktsymmetrischen Deklinationsskalen. Die Grenzen der einen sind mit VIIIK(alendis)IAN (25. Dez.) und VIIIK(alendis)IVL (25. Juli) bezeichnet. Die Verlängerungen der Grenzen treffen sich im Zentrum der Platte und schließen einen Winkel von $2 \cdot 24° = 48°$ ein. Auf der Platte ist ein Gnomon mit einem bogenförmigen Arm zentrisch montiert, der die Stundenmarken trägt.

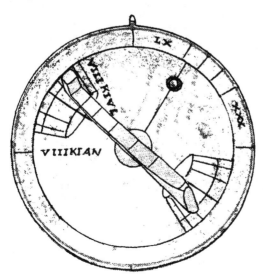

Abb.31

Tabelle der Funde tragbarer Uhren

Nr.	Nr. in Price	Fundort	1)	2)	Alter (n.Chr.)	gefertigt für	Sammlung
I.1	1	Herculaneum	Br	l	1. Jh.	vermutl. 38° (Hellas)	Museo Naz. Neapel
II.1	2	Mainz	B	l	2.-5. Jh.	siehe Kap. 5.6	Landesmuseum Mainz
III.1		Este	B	l	1. Jh.	45°	Museo Naz. Atestino Este
IV.1	3	Forbach	Br	l	1.-4. Jh.	52°-53°, 54°-56°	Museum Metz
IV.2	4	Aquileia	Br	l	1.-4. Jh.	Roma, Ravenna	Civici Musei di Storia ed Arte Trieste
IV.3	5	Rom	Br	l	ca. 190	Roma	Museo Naz. Rom
IV.4	6	Aquileia	Br	l	ca. 160	Alexandria/Aegyptus, Africa/Mauretania, Hellas/Asia, Hispania/Achaiia, Roma, Ancona/Tuscia, Gallia/Norbos, Britannia/Germania	Kunsthistorisches Museum Wien
IV.5		Bithynien	Br	g	ca. 134	41°	Privatbesitz
IV.6		Bithynien	Br	l	ca.	41°	Castello Sforzesco Mailand
V.1		Philippi	Br	g	250 -350	Alexandria, Rhodos, Roma, Vienna	Archäologisches Museum Philippi
VI.1	7	Bratislava	Br	l	1.-4. Jh.	27 Orte von 30° bis 55°	History of Science Museum Oxford
VI.2	8	Crèt-Chatelard	Br	l	1.-4. Jh.	16 Orte von 30° bis 56°	unbekannt
VI.3	9	Rom	Br	l	1.-4. Jh.	16 Orte von 30° bis 57°	unbekannt
VI.4	10	Memphis	Br	g	4. Jh.	36 Orte von 8° bis 45°	Eremitage St.Petersburg
VI.5	11	Aphrodisias	Br	g	6. Jh.	28 Orte von 23,5° bis 46°	unbekannt
VI.6		Trier	Br	l	1.-4. Jh.	nur Einlegplatte erhalten	Landesmuseum Trier
VI.7		Samos	Br	g	4.-6. Jh.	12 Orte von 36° bis 41°	Museum Vathy
VI.8		unbekannt	Br	g	4. Jh.	16 Orte von 30° bis 43°	Science Museum London
VI.9		unbekannt	Br	g	5. Jh.	30 Orte von 16° bis 44°	Time Museum Rockford (Illinois)
VI.10		unbekannt	Br	l	3.Jh.	unbekannt	Musée du Temps Besançon

1) Material: Br(onze) oder B(ein);
2) Inschriften: l(ateinisch) oder g(riechisch)

Alle drei Teile sind gegeneinander drehbar, die Platte, um diese auf die jeweilige Ortsbreite, der Gnomon, um ihn auf die gültige Sonnendeklination einzustellen. In der Zeichnung zeigt die Uhr $\varphi = 57°$ und $d = 20°$ an.

Le pitture antiche d'Ercolano, T. III, prefazione, Napoli 1762. — J. F. van Beeck Calkoen, De horologiis veterum sciotericis, Amsterdam 1797, S. 71ff. — K. Schaldach, A plea for a new look on Roman portable dials, in: Bulletin of the British Sundial Society 98.1(1998), S. 46-51. — M. Arnaldi/K. Schaldach, A Roman cylinder dial: Witness for a forgotten tradition, in: Journal for the History of Astronomy 28(1997), S. 107-117. — E. Buchner, Römische Medaillons als Sonnenuhren, in: Chiron 6(1976), S. 329-346. — P. A. Secchi, Un orologio solare antico, in: La civiltà cattolica, III. Ser., Vol. VI (Roma 1857), S. 97. — G. Gounaris, Anneau astronomique solaire portative antique, découvert à Philippes, in: Annali dell'Istituto e Museo di Storia della Scienza di Firenze 2(1980), S. 3-18. — E. Buchner, Antike Reiseuhren, in: Chiron 1(1971), S. 457-482. — J. V. Field/M. T. Wright, Gears from the Byzantines: A portable sundial with calendrical gearing, in: Annals of Science 42 (1983), S. 87-138.

3.7 Hinweise auf weitere Typen

Manche Funde, die in neuerer Zeit geborgen wurden oder aber bekannt geworden sind, weisen darauf hin, daß das Gibbsche Raster zu grob ist, um der Vielfalt der römischen Sonnenuhren gerecht zu werden. Auch die Einteilung in tragbar oder ortsfest bereitet Schwierigkeiten angesichts einer in der Altstadt von Jerusalem ergrabenen Hohlkugelsonnenuhr von solch geringer Größe, daß sie ohne Mühe in einer Hand gehalten werden kann (*Adam*). Für die Zukunft wünschenswert ist deshalb eine neue Klassifikation der antiken Sonnenuhren, bei der mathematische und normative Gesichtspunkte eine stärkere Rolle spielen sollten als bisher. Etliche Fragen in diesem Zusammenhang sind noch zu klären, doch sollten folgende weitere Typen Berücksichtigung finden:

A. Sonnenuhren, welche die Form eines gespreizten Blattes oder aufge-
klappten Buches zeigen

o   Zeichnung in einer mittelalterlichen Handschrift nach einem Kalender
aus 354 n. Chr. (Abb.32, aus *Viola)*
o   Fund von Yecla im Museo Arqueológico Nacional in Madrid (*Valdés)*
o   Säule im Circus von Konstantinopel mit bronzenem Adler, der eine
Schlange tötet; auf den Schwingen des Adlers die Schattenkurven
einer Sonnenuhr, aufgetragen von Apollonius Tyjaneus *(Gatty, S.* 47)
o   Mosaik "Die Akademie Platons" im Museo Nazionale in Neapel
o   Mosaik in Trier aus dem 2. Jh. n. Chr. mit sitzendem Mann (vermutlich Anaximandros), der eine tragbare Uhr dieses Typs hält (*Tadić)*

Traversari hat diesen Typ auf römischen Sarkophagen nachgewiesen. *Gibbs*
hat in einem ähnlichen Exemplar aus Narbonne (*Nr.5020)* zwei abweichende
ebene Sonnenuhren mit vertikaler Schattenfläche gesehen, die einen Winkel
von 90° bilden. Die genannten Beispiele lassen jedoch nicht in jedem Fall
Paare von Vertikalsonnenuhren vermuten, so daß hier weiterer Aufklärungs-
bedarf besteht.

B. Sonnenuhren für temporale Stunden

o   Falsch konstruierte und vermutlich aus dem 6. Jh. stammende Hohlkugelsonnenuhr, die in Istanbul ausgegraben wurde (*Rohr, S. 19).*

Abb.32

C. Sonnenuhren, bei denen nicht die Gnomonspitze, sondern die Richtung
des Gnomonschattens die Stunde anzeigte

o   Strahlenförmige Vertiefungen in der Wand der Kirche St. Agapito in
    Palestrina, von *Marucci* als ebene Vertikaluhr interpretiert
o   Kalksteinplatte mit Vertikaluhr in Ancona (*Dall'Osso*, Abb.33)
o   Hohlkugelsonnenuhr in Aquileia vom Typ 2.c, allerdings mit
    länglicher, einem Schattenstab nachempfundener Öffnung anstelle
    des sonst üblichen Lochgnomons
o   Spätrömische Funde ohne Datumslinien, so daß man bei ihnen
    davon ausgehen kann, daß nicht mehr der Schatten der
    Gnomonspitze, sondern die Richtung des gesamten Gnomonschattens
    die Stunde wies.

Abgesehen von der Sonnenuhr aus Aquileia, welche keinerlei Linien aufweist, treffen sich bei allen genannten Beispielen die Verlängerungen der
Stundenlinien im Fußpunkt des Gnomons.

D. Sonnenuhren mit achsenparallelem Schattenstab

o   Uhr aus der Zeit Alexanders des Großen, die im nordöstlichen Afgha-
    nistan gefunden wurde und deren Stundenlinien im Inneren eines voll-

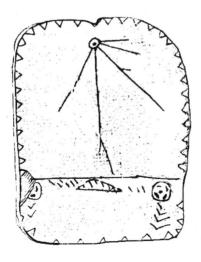

Abb.33

50

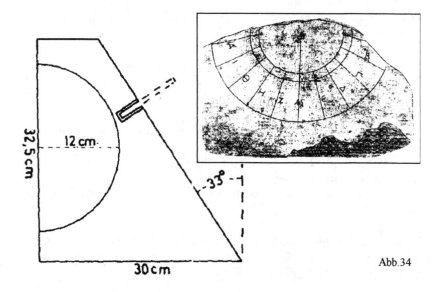

Abb.34

ständigen Hohlzylinders verlaufen (*Janin*), der vermutlich, eingerichtet mit einem zentrischen Schattenstab, parallel zur Himmelsachse
befestigt war (*Rohr, S. 22*)

o   Vielfachsonnenuhr mit zwei Hohlkugelsonnenuhren, einer Westuhr
      und einer Ostuhr und mit einer ebenen Schattenfläche parallel zum
      Himmelsäquator (Abb.34, aus *Bull*).

In beiden Fällen fehlen, wie übrigens bei fast allen Funden, die Gnomone,
doch liegt das Loch für den Gnomon bei der ebenen Uhr achsenparallel. Das
Exemplar war unter den Ruinen eines Zeus-Tempels begraben, der unter
Hadrian (117 - 138) bei Tell er Râs ($\varphi = 33°$) im heutigen Jordanien errichtet
wurde. Die Stundenzahlen (vgl. 3.4) verlaufen, abweichend von der üblichen
Reihenfolge, von rechts nach links, denn die Uhrfläche ist gegen Norden
gewendet.

E. Sonnenuhren mit ungewöhnlicher Tagesteilung

o   Fund im Museum Stiftung Römerhaus in Homburg (Saar) aus der
      römischen Villa Erfweiler, welcher als neunteilige Sonnenuhr aus
      dem 1. oder 2. Jh. rekonstruiert worden ist

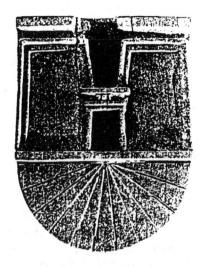

Abb.35

o   Elfteilige Uhr aus Hartholz vom Löwentempel in Meroë (Äthiopien) und vermutlich aus dem 1. Jh. stammend (Abb.35, aus *Pilder*).

o   15teilige Hohlkugelsonnenuhr auf dem Gelände des römischen Theaters in Arles (Frankreich)

F. Astrolabien als Sonnenuhren

Nicht im eigentlichen Sinne Sonnenuhren, aber doch Instrumente, mit deren Hilfe man aus der Sonnenhöhe die Tageszeit bestimmen kann, sind Astrolabien. Die Erfindung wird dem Hipparch zugeschrieben, eine ausführliche Beschreibung stammt von Johannes Philoponos, der im 6. Jh.. in Alexandria lebte (*Neugebauer*). Von *Drecker* stammt eine Übersetzung dieser Schrift ins Deutsche. Ein Kapitel handelt "über das Erspähen der Sonne am Tage, und wie wir es kunstgemäß handhaben, wenn wir die Stunde der Sonne erfahren wollen".

G. Meridiane

Im Rahmen einer Darstellung der römischen Gnomonik dürfen Meridiane nicht unerwähnt bleiben, auch wenn sie nicht zur Tageszeitbestimmung, sondern vielmehr als Kalender eingerichtet wurden. Sie sind uns aus der Literatur (vgl. 2.3), aber auch als Fund überliefert.

o   Flavischer Meridian auf dem Marsfeld in Rom (vgl. 5.2)

Da mit einer Kugel gekrönte römische Obelisken stets auf deren ursprüngliche Funktion als Gnomone hindeuten (*Alföldy, S. 58)* und bei hohen
Gnomonen zunächst an eine Verwendung für einen Meridian zu denken ist
(vgl. 5.2), darf man annehmen, daß der Gallus-Obelisk, der von seinem
ersten Standort in Alexandria nach Rom verschifft wurde und nun auf dem
Petersplatz steht, einst ebenso zu einem Meridian gehörte, wie der römische
Himmelsglobus in Mainz (*Künzl*).

*S. Adam, Sundials in Israel, in: Bulletin of the British Sundial
Society 97.3(1997), S. 3-7.   —   P. Viola, Veteri novaque
romanorum   temporum   ratione   libellus   (Thesaurus
antiquitatum romanorum VIII), Venetiis 1735.   —   M. M.
Valdés, El "Reloj de Yecla", Madrid 1996 (Privatdruck).   —
A. Gatty, The Book of Sundials, London 1889.   —   M. Tadić,
Dvokrilni antički sunčanik sa mozaika iz Triera, in: Gnomon
1(1993, Sarajevo), S. 1-2.   —   G.Traversari, Il "pelecinum" -
un particolare tipo di orologio solare raffigurato su alcuni
rilievi di sarcofagi di età romana, in: Archeologia e
astronomia (Revista di archeol., suppl. 9), Roma 1991, S.
66-73, Tafeln.   —   O. Marucci, Nuovi studi sull'antichissimo
orogio solare di Palestrina, in: Rendiconti della Pont. Accad.
Rom. di Archaeol. 6(1928), S. 77-84.   —   I. Dall'Osso, Guida
Illustrata del Museo Nazionale di Ancona, Ancona 1915.   —
L. Janin, Un cadran solaire grec à A'i Khanoum, Afghanistan,
in: L' Astronomie 92(1978), S. 357-362.   —   R. J. Bull, A
tripartite sundial from Rell Er Râs on Mt. Gerizim, in: BASOR
219 (1975), S. 29-37.   —   E. J. Pilder, Portable sundial from
Gezer, in: Palestine Exploration Fund, Quarterly Statement
55(1923), S. 85-89.   —   O. Neugebauer, The early history of
the astrolabe, in: Isis 40(1949), S. 240-255.   —   J. D.
Drecker, Des Johannes Philoponus Schrift über das Astrolab,
in: Isis 9 (1927), S. 255-278.   —   G. Alföldy, Der Obelisk auf
dem Petersplatz in Rom, Heidelberg 1990.   —   E. Künzl,
Sternenhimmel   beider   Hemisphären,   in: Antike   Welt
27(1996)2, S. 129-134.*

4. Teil: Zur Analyse

4.1 Mögliche Methoden der Fertigung

Wer eine Sonnenuhr in Auftrag gab, wollte auf ihr natürlich die Stundenlinien des Tages, vielleicht auch die Datums- oder Tierkreislinien verzeichnet finden. Darüber hinaus zeigen einige Sonnenuhren aber noch weitere Linien, um z. B. die Länge des Tages oder die Windrichtungen ablesen zu können.

Die Anordnung der Linien war immer von der jeweiligen Ortsbreite abhängig, für die die Sonnenuhr verwendet werden sollte, und von der Himmelsrichtung, in der die Schattenfläche wies. Je mehr Indikationen auf einer Sonnenuhr vorhanden sein sollten, um so mehr Fehlerquellen gab es und um so größeres Geschick mußte man von einem Steinmetzen erwarten, bei dem man seine Uhr in Auftrag gab.

Wie sind die Verfertigter, wenn sie Spezialisten auf ihrem Gebiet waren, bei ihrer Arbeit vorgegangen? Um eine Sonnenuhr angemessen beurteilen zu können, ist zunächst die Beantwortung dieser Frage von Bedeutung.

Die Antike kennt verschiedene Vorgehensweisen, die bei Handwerkern oder Architekten zum Einsatz kamen. Um das Liniennetz einer Sonnenuhr zu erhalten, sind folgende Möglichkeiten denkbar:

o   Beobachtung des wandernden Gnomonschattens

o   Arbeit nach Modell

o   Konstruktion mit Zirkel und Lineal

o   Fadenkonstruktion.

Im allgemeinen wird eine fertige Sonnenuhr nicht preisgeben, auf welche Art und Weise ihr Verfertiger gearbeitet hat. Auch das Studium unvollendeter Exemplare läßt, wenn überhaupt, nur Aussagen über den Einzelfall zu. Die Möglichkeiten sind also aufgrund ihrer Effizienz und der antiken Schriften zu beurteilen.

Die langwierige Beobachtungsmethode, bei der zunächst nur der Gnomon installiert wird und dann die Einzeldaten nach und nach im Laufe des Jahres aufgrund der Beobachtung des wandernden Schattens auf der Uhrenfläche eingezeichnet werden, wird man im allgemeinen ausschließen dürfen. Dasselbe gilt für Sonnenuhrzeichnungen nach Tabellen, wie sie im Mittelalter von islamischen Wissenschaftlern durchgeführt worden sind, da diese Arbeitsweise aus der Antike nicht bekannt ist. Vermutlich wurde diese Methode aus Indien übernommen.

Auch Arbeiten nach kopierten Plänen oder Repliken nach Originalen können nur vermutet werden, und zwar vor allem für die tragbaren Sonnenuhren oder für den bis heute seltenen Fall, daß Vergleichsstücke mit nahezu identischen Abmessungen gefunden werden.

Meist scheint eine ausgeführte Konstruktion am Anfang gewesen zu sein. Der Plan dazu wurde entweder selber gerissen oder eigens für die Uhr angekauft.

Zwei planmäßige Sonnenuhrenkonstruktionen, die auf den traditionellen Instrumenten Zirkel und Lineal aufbauen, sind aus der Antike überliefert: das Analemma (Vorschrift) des Vitruv und ein Werk gleichen Namens des Ptolemaios (2. Jh.). Beide beanspruchen für sich, auf alle oder zumindest die meisten gebräuchlichen Sonnenuhrentypen anwendbar zu sein und doch sind sie in ihrer Art völlig verschieden, knapp und anschaulich bei Vitruv, exakt und abstrakt bei Ptolemaios. Von beiden wissen wir auch, daß es noch weitere konstruktive Verfahren gab, die aber nicht oder nur zum Teil erhalten sind, wie die Analemmata der Alexandriner Diodoros und Heron. Sie werden, weil in derselben antiken Tradition stehend, sich jedoch von den beiden bekannten Verfahren nicht wesentlich unterschieden haben. Das geht auch aus den Worten des Ptolemaios hervor, wenn er schreibt, er wolle in seiner Schrift Verbesserungen älterer Verfahren vorschlagen. Er bewundere zwar die konstruktiven Methoden jener Männer und er folge ihnen weitgehend, doch würden deren Vorgehensweisen einer genaueren Begründung entbehren. Der erste Teil seiner Schrift ist deshalb eine neue theoretische Grundlegung, bevor er zu dem eigentlichen Analemma kommt (*Luckey*).

Klaudios Ptolemaios' Analemma besticht durch seine hohe mathematische Kompetenz, das ein Verständnis erforderte, welches bei den römischen Praktikern seiner Zeit und mehr noch in den späteren Jahrhunderten, wie wir bei Cetius Faventinus schon feststellen konnten, im Schwinden ist. Man wird also davon ausgehen können, daß sein mehr abstraktes Verfahren eine große Breitenwirkung nicht mehr hat erzielen können. Auch werden ähnliche Verfahren seiner Vorgänger, wenn überhaupt, eher im griechisch beeinflußten Teil des Mittelmeerraumes Verbreitung gefunden haben. Auf eine Vorstellung der Ptolemaischen Schrift soll deshalb an dieser Stelle verzichtet werden.

Anders zu beurteilen ist hingegen das Verfahren des Vitruv, der sein Werk in einer Blütezeit des Sonnenuhrenbaus veröffentlichte. Es sind allerdings Zweifel angebracht, ob sein Analemma stets mit Zirkel und Lineal durchgeführt wurde. Für die griechischen Gelehrten und solchen, die sich gerne auf griechische Traditionen beriefen, waren Zirkel und Lineal gleichsam ritualisierte Instrumente, das heißt, nur solche geometrischen Lösungen zählten, die in einer endlichen Anzahl von Zirkel-und-Lineal-Konstruktionen bewältigt werden konnten. Deshalb fanden andere Instrumente und Verfahren in der akademischen Literatur nur wenig Niederschlag. Doch haben die Architekten auch andere Methoden eingesetzt, wenn sie bei weniger Aufwand denselben Erfolg versprachen, und, da sie es ja mit einfachen Handwerkern zu tun hatten, auch für akademische Laien zu verstehen waren.

Hier ist vor allem an Fadenkonstruktionen zu denken. Daß solche Verfahren der Antike nicht fremd sind, dafür hat *Mertens* Beispiele gegeben. Auch die erste Fadenkonstruktion der Ellipse ist antiken Ursprungs. Anthemios von

Tralles, Architekt und Mathematiker des 6. Jahrhunderts, verwandte sie bei der Überlegung, mit welcher Spiegelanordnung die durch einen Lochgnomon fallenden Lichtstrahlen so gebündelt werden können, daß sie sich, unabhängig von Stunde und Datum, stets erneut in einem weiteren gemeinsamen Punkt treffen (*Huxley*).

Für die Sonnenuhren ist eine Apparatur denkbar, bei der zunächst der Gnomon zu befestigen ist, um dann den Gang der Sonnenstrahlen mit gespannten Fäden zu simulieren. Am besten nimmt man dazu jene Strahlen, wie sie zum Beispiel durch das Analemma des Vitruv vorgegeben werden. Diese Fäden führt man dann bis zur vorbereiteten Schattenfläche, wo ihr Endpunkt markiert wird. Über die Form dieser Fläche oder eine punktgenaue Ausrichtung des Gnomons hatte man sich dabei keine Gedanken zu machen. Das könnte den Fund von Hohlkugelsonnenuhren mit nicht kugelmittiger Gnomonspitze (Typ 2.b, vgl. *Scheidt*) oder von Kegelsonnenuhren, bei denen die Gnomonspitze nicht in der Kegelachse liegt, erklären. *Gibbs* und ihre Vorgänger hatten hier stets fehlerhafte Hohlsonnenuhren vermutet, weil man ohne nähere Überprüfung der Linien von einer mittigen Ausrichtung des Gnomons ausgegangen war.

P. Luckey, Das Analemma, in: Astronomische Nachrichten 230(1927), S. 17-46. — D. Mertens, Schnurkonstruktionen, in: Bautechnik der Antike (hrsg. v. A. Hoffmann u. a.), Mainz 1991, S. 155-160. — G. L. Huxley, Anthemius of Tralles, Cambridge (Mass.) 1959. — W. R. Scheidt, Una meridiana sferica acentrica, in: Herdonia - scoperta di una cittá (hrsg. v. J. Mertens), Bari 1995, S. 287-289.

4.2 Das Analemma des Vitruv

Vitruv erläutert das Analemma im 5. Kapitel des 9. Buches seiner "Baukunst", und zwar an einer horizontalen Sonnenuhr. Er stellt die Himmelskugel auf eine Ebene und zeichnet dazu den Meridianschnitt. *M* ist Mittelpunkt der Kugel und gleichzeitig die Spitze des Schattenstabs, die horizontale Ebene wird zur Geraden (Abb.36).

Zunächst wird auf dem Meridian der zu den Äquinoktien gehörige Schattenpunkt A eingezeichnet. Dazu muß die geographische Breite des Ortes bekannt sein. Vitruv selbst gibt die Breiten von Rom, Athen, Rhodos, Tarent und Alexandria, allerdings nicht als Winkel, sondern als die Verhältniszahl von der Länge des Schattenstabs zur Länge des Mittagsschattens an den Äquinoktien. Für Rom gilt nach Vitruv 8/9, der Schattenpunkt A ist also vom Fuße des Schattenstabs 9 Einheiten entfernt, wenn der Stab selbst 8 Einheiten groß ist. Eine Gerade durch A und M findet den Ort A' der Sonne zu diesem Zeitpunkt auf der scheinbaren Himmelskugel. Über MA' wird von M aus beidseitig für die Schiefe ε ein Winkel von 24° abgetragen, der den Kreis in W' und S' schneidet. W' ist der Ort der Sonne zur Winterwende, S' der Ort zur Sommerwende. $W'S'$ ist der Durchmesser eines Kreises, den Vitruv als Menaeus bezeichnet. Von ihm wird im nächsten Kapitel die Rede sein. Die Sonnenstrahlen von S' durch M bzw. von W' durch M treffen den Meridian in S und W, also dort, wo sich die Schattenspitze zur Zeit der Solstitien befindet. Es sind die Extrempunkte des Schattens auf dem Meridian.

Eine solche Konstruktion ist, wie man sich vorstellen kann, für jeden Schattenpunkt X zwischen S und W bzw. jeden Ort X' der Sonne möglich.

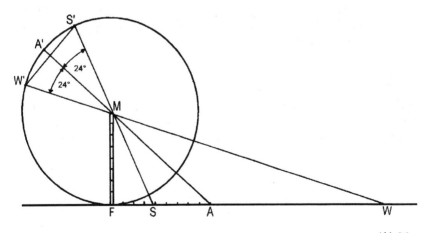

Abb.36

4.3 Der Menaeus

Von der griechischen Astronomie übernahmen die gebildeten Römer die Einteilung des Jahres in vier Abschnitte sowie die meist nur für astrologische Zwecke verwendete weitere Unterteilung mit Hilfe der Tierkreiszeichen. Diesen liegt die Beobachtung zugrunde, daß sich die Sonne zwölfmal im Jahr vor einem neuen Sternbild befindet.

Diese Sternbilder hatten viele Tiernamen, und so gab man ihrer Abfolge den Namen Tierkreis bzw. Zodiakos. Die Namen der Bilder sind hier in ihrer überlieferten Reihenfolge und mit ihren modernen Zeichen angegeben: Widder ♈; Stier ♉, Zwillinge ♊, Krebs ♋, Löwe ♌, Jungfrau ♍, Waage ♎, Skorpion ♏, Schütze ♐, Steinbock ♑, Wassermann ♒, Fische ♓. Obwohl sich die Auf- und Untergänge der Sternbilder im Laufe der Jahrtausende verschoben, wurde diese ursprüngliche Einteilung des Jahres bis heute beibehalten.

Vitruv hat gezeigt, wie man den Zodiakos in sein Analemma einbinden kann (Abb.37). Der von ihm Menaeus genannte Kreis schneidet die Meridianebene der scheinbaren Himmelskugel in W' und S'. Jedes Tierkreiszeichen beansprucht im Menaeus einen Winkel von 30°. Mit dem ersten Grad des Widders beginnt der Zodiakos. Der Ort der Sommersonnenwende liegt im ersten Grad des Krebses. Daher spricht man auch vom Wendekreis des Krebses, den die Sonne an diesem Tag durchläuft. Herbstäquinoktialgestirn ist die Waage. Wenn die Sonne im Meridian ihren tiefsten Punkt erreicht hat, ist sie im Wendekreis des Steinbocks.

Für die Beschreibung des Sonnenortes im Tierkreis gibt es zwei Zählweisen. Er kann durch die Anzahl der Grade im jeweiligen Zeichen oder durch die ekliptikale Länge l angegeben werden. Üblich ist die Angabe der ekliptikalen Länge, ein Winkel, welcher seinen Scheitel im Zentrum des Menaeus hat und im Uhrzeigersinn vom Frühlingsäquinoktium aus gezählt wird.

Um nun zu jedem Tag des Jahres den entsprechenden Mittagsschatten zu konstruieren, geht man in zwei Schritten vor. Ist die Sonnendeklination d bereits bekannt, braucht man nur den entsprechenden Winkel abzutragen, muß d erst ermittelt werden, projiziert man zunächst den Standort der Sonne auf der scheinbaren Himmelskugel orthogonal auf den Sciotomos (Schattenteiler) $W'S'$ und verbindet dann den dabei erhaltenen Punkt mit M.

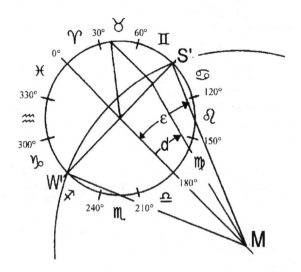

Abb.37

Schließlich verlängert man den Strahl bis zum Meridian. Dort liegt die Spitze des zu diesem Zeitpunkt vom Gnomon geworfenen Schattens. Auch die umgekehrte Abbildung ist möglich, doch ist diese nur an den Solstitien eindeutig.

Neben der graphischen Zuordnung zwischen der ekliptikalen Länge l und der Sonnendeklination d hat man noch die Möglichkeit, die Beziehung mithilfe einer Gleichung auszudrücken, welche sich aus Abb.37 nach Anwendung des Sinussatzes ergibt:

(F 59) $\qquad \sin d = \sin \varepsilon \cdot \sin l$.

Abschließend sei der Zusammenhang noch einmal, und zwar als Tabelle dargestellt. Zur Verdeutlichung sind die entsprechenden Monate dazu gesetzt.

Stern-zeichen	ekliptikale Länge l	Deklination d gerundet auf ganze°	Monate	Stern-zeichen	ekliptikale Länge l	Deklination d gerundet auf ganze°	Monate
♈	0° bis 30°	0° bis 12°	Mär/Apr	♎	bis 210°	bis -12°	Sep/Okt
♉	bis 60°	bis 20°	Apr/Mai	♏	bis 240°	bis -20°	Okt/Nov
♊	bis 90°	bis 24°	Mai/Jun	♐	bis 270°	bis -24°	Nov/Dez
♋	bis 120°	bis 20°	Jun/Jul	♑	bis 300°	bis -20°	Dez/Jan
♌	bis 150°	bis 12°	Jul/Aug	♒	bis 330°	bis -12°	Jan/Feb
♍	bis 180°	bis 0°	Aug/Sep	♓	bis 360°	bis 0°	Feb/Mär

4.4 Zur Umsetzung des Analemmas

Vitruv zeigt die Konstruktion von Schattenpunkten nur im Meridianschnitt. Weitere Ausführungen unterläßt er mit den Worten, dies geschehe lediglich aus Besorgnis, durch allzu große Weitläufigkeit zu mißfallen. Man darf ihm dies glauben. Die Gnomoniker unter seinen Lesern werden aus anderen Quellen geschöpft haben.

Man kann jedoch durch eine weiterführende Auslegung des Vitruvschen Ansatzes auch die anderen Stundenlinien für eine Horizontaluhr konstruieren *(Bilfinger, S. 29-35)*. Dabei wird, mit einfachen geometrischen Hilfszeichnungen und nur für die kardinalen Jahresdaten, für jede volle Stunde die Position der Schattenspitze bestimmt und die so erhaltenen Punkte verbunden, bis ein vollständiges Liniennetz der Sonnenuhr entsteht.

Mit Hilfe des Analemmas läßt sich nicht nur auf einer horizontalen, sondern auf jeder geometrisch darstellbaren Fläche eine Sonnenuhr konstruieren. Man muß dazu in der Hilfszeichnung die Strahlenauffanglinie entsprechend der Fläche verändern. Allein bei den hohlkugelförmigen Sonnenuhren ist keine neue Linie erforderlich, da der unter dem Horizont liegende Halbkreis diese Funktion bereits erfüllt. Himmelskugel mit Menaeus und Strahlenlauf bleiben ansonsten gleich (vgl. auch *Drecker, S. 3f)*.

Für die konkrete Ausführung verwendete man einen vorbereiteten, vermutlich mit Wachs oder Kreide überzogenen Sonnenuhrenkörper, einen Zirkel und eine ebene Platte aus Erz oder Stein. Darauf wurde das Analemma eingeritzt, und zwar die Linien nur insoweit, wie sie immer wieder verwendet werden. Dann wurde die Platte zur Aufnahme der weiteren Zeichnung mit Wachs überzogen.

So jedenfalls beschrieb Ptolemaios die notwendigen Vorbereitungen um zuzufügen: "Wie es bei den Sphären geschieht". Möglicherweise bezieht sich dieser Zusatz auf das Verfertigen von Hohlkugelsonnenuhren. Wollte man bei diesen nur die Stundenlinien haben, brauchte man die mit Wachs überzogene Mulde lediglich in zwölf gleiche Teile zu teilen. Wollte man zusätzlich noch die Datumslinien an den Äquinoktien und Solstitien erhalten, so wählte man den Radius des Vitruvschen Analemma-Kreises gleich dem Innenradius der Kugel, entnahm mit dem Zirkel die gewünschten Sehnen aus dem Analemma und übertrug diese auf die vorbereitete Hohlkugel. In diesem Fall war die Grundfigur für den Mittagsschatten ausreichend, da bei der

Hohlkugeluhr die Solstitialkreise vom Äquinoktialkreis stets im gleichen Abstand verlaufen.

Das Einmeißeln von dauerhaften Konstruktionslinien war jedenfalls in keinem Fall erforderlich. Es ist deshalb die Vermutung nicht stichhaltig, die Datumslinien seien nur Hilfslinien für die Konstruktion (*Drecker, S. 55*). Vielmehr ist vorstellbar, daß der Verfertiger zunächst alle Linien in die mit Wachs oder Kreide beschmierte Oberfläche hinein gedrückt hat, bevor er mit dem eigentlichen Werk, dem Behauen des Steins begann. Ein Verbleib irgendwelcher Konstruktionslinien ist auf diese Weise nicht zu erwarten. Datumslinien, die auftreten, können also durchaus als solche geplant gewesen sein.

Waren die Stundenlinien eingemeißelt und der Gnomon korrekt eingesetzt, hat man den Stein und wohl auch die Schattenfläche noch bemalt. Da die Farbe aufgrund von Witterungseinflüssen mit der Zeit verlorenging, dienten die gehauenen Linien wesentlich als Orientierung für ein erneutes Bemalen.

G. Bilfinger, Die Zeitmesser der antiken Völker, Stuttgart 1886.

4.5 Fehler im System: Schiefe und Ortsbreite

Die Güte jeder Konstruktion steht und fällt mit der Achse der Zeichnung, der Meridianlinie, und ihren Hauptpunkten, dem Äquinoktialpunkt und den Solstitialpunkten. Zu deren Ermittlung benötigte man die Werte für die Schiefe ε und die Ortsbreite φ, die in den tradierten Quellen verzeichnet waren. Eine selbständige Beobachtung bzw. genauere Werte, als die aus den antiken Tabellen verfügbaren, wird man im allgemeinen nicht erwarten dürfen.

Die Schiefe ist infolge der Präzessionsbewegung der Erde zeitlich nicht konstant, sondern ändert sich geringfügig. So lag sie im Jahre 100 v. Chr. bei ca. 23,71°, um 100 n. Chr. bei 23,69°, um 300 n. Chr. bei 23,66° und um 500 n. Chr. bei 23,63°. Heute hat die Schiefe einen Wert von ca. 23,44°.

Aus der Antike sind zwei Werte überliefert. Ptolemaios rechnete mit 23,8°, Anaximandros soll die Schiefe mit 24° bestimmt haben, was für seine Zeit sehr gut ist, weniger für die Zeit von Vitruv, der denselben Wert angibt. Der ungenaue Wert bei Vitruv ist insofern erstaunlich, als die Schiefe mit Hilfe des Gnomons nachkontrolliert werden kann (Abb.38), auch wenn, wie Ptolemaios in der "Astronomie" (2. Buch, 5. Kapitel) bereits schrieb, dieses Verfahren nicht so genaue Werte liefert, wie ein anderes von ihm vorgestelltes astronomisches Verfahren. Vitruvs Festhalten an dem überlieferten Wert von 24° dürfte seine Ursache darin haben, daß der Winkel aus einer elementaren Konstruktion hervorgeht. Vitruv gibt selbst den Hinweis darauf, wenn er schreibt, man solle ein Fünfzehntel des Kreises nehmen. Da der gesamte Kreis einen Winkel von 360° beschreibt, liefert die geforderte Teilung das gewünschte Ergebnis. Die Konstruktion ist ausführlich in den "Elementen" des Euklid am Ende des 4. Buches erläutert.

Man kann also bei den römischen Sonnenuhren im allgemeinen davon ausgehen, daß ihnen eine Schiefe von 24° zugrunde liegt. Tatsächlich ist der Fehler, der sich dadurch ergibt, unerheblich.

Auch die geographische Breite eines Ortes konnte man mit dem Gnomon bestimmen. Die Methode geht ebenfalls aus Abb.38 hervor. Ein beliebtes Maß, das auch Vitruv verwendete, war der Quotient aus Gnomonlänge *MF* und Schattenlänge *FA* zum Zeitpunkt der Äquinoktien, weil dann die Himmelsachse genau senkrecht zum Mittagsstrahl steht.

Es war dies jedoch nur eine der in der Antike geläufigen Möglichkeiten, die Ortsbreite zu beschreiben. Desweiteren wurden verwendet: die Angabe der

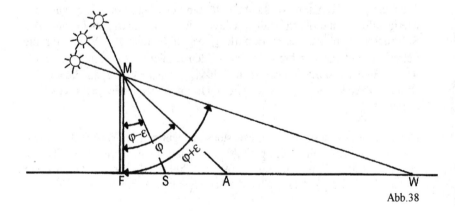

Abb.38

Stunden des längsten und kürzesten Tages, die Angabe des Ortsbreitewinkels sowie die Angabe des jeweiligen Klimas.

Ptolemaios gibt zum Beispiel in seiner "Geographie" die geographischen Breiten durch sieben Klimata an. Diese bezeichneten zunächst nur die Orte auf der Erde, an denen der längste Tag der Reihe nach 13, 13½, 14, 14½, 15, 15½ und 16 Äquinoktialstunden hat, standen aber auch bald für ein schmales Gebiet nördlich und südlich zu beiden Seiten eines solchen Parallelos. In diesen Klimata befanden sich die wichtigsten antiken Orte, so daß die Angabe des Klimas zur Standortbestimmung einer Stadt eine hohe Akzeptanz bekam.

Während sich Ptolemaios hier an eine Tradition anschließt, die bis Eratosthenes zurückverfolgt werden kann, ist man bei den Römern mit den Klimata sehr willkürlich umgegangen. Bezeichnend dafür ist Plinius Secundus, der in seiner "Naturkunde" Klimata verwendet hat, welche aus astrologischen Quellen stammen. Für astrologische Fragestellungen wie, unter welchem Planeten ein Mensch geboren war, welche Lebensdauer er hat usw., war es nötig, die Ortsbreite des Geburtsortes eines Menschen zu kennen. Da man es bei diesen Berechnungen jedoch nicht so genau nahm, reichte es aus, die ganze bekannte Welt in sieben Klimata einzuteilen. Aus den schmalen Klimastreifen wurden so breite aneinandergrenzende Zonen, ein Verfahren, das ein Astronom wie Ptolemaios verwerfen mußte, das aber in der Astrologie allgemeine Anerkennung fand.

Um für eine exakte Konstruktion von Sonnenuhren zu taugen, geben Plinius' Klimata zu ungenaue Werte. Auch die Angabe der Stunden des längsten oder kürzesten Tages sind in der Gnomonik wenig hilfreich. Anders ist die Verwendung von Polhöhen bzw. Ortsbreitewinkeln zu beurteilen. Diese wurden in Klimatabellen zusammengefaßt, aber auch auf tragbaren Sonnenuhren vom Typ VI verzeichnet, weil diese vor Gebrauch erst auf die jeweilige Ortsbreite einzustellen waren.

Vor allem die Klimatabellen hatten wegen ihrer Bedeutung für astronomische, astrologische und geographische Berechnungen eine große Verbreitung. Die meisten Angaben haben sich aus der "Geographie" und der "Astronomie" des Ptolemaios erhalten. Seine dort angegebenen Winkel stammen sicherlich nur zum Teil aus eigener Messung. Die Mehrzahl wird aus bereits vorhandenen Tabellen entnommen sein.

Vielleicht lagen diese Winkel ursprünglich als Verhältnis von Gnomonhöhe und Mittagsschatten zum Äquinoktium vor, so wie bei Vitruv, und Ptolemaios mußte sie daraus erst berechnen. Doch es gibt gewichtige Gründe für die Annahme, daß die Verwendung des Winkels die ursprüngliche ist (*Szabó/Maula, S. 115*). Auch praktische Gründe lassen sich für die Winkel anführen. So hat der spärliche Platz auf den tragbaren Sonnenuhren bei der umständlichen römischen Zahlschreibweise einfach nicht mehr als eine Zahl zugelassen.

In der folgenden Tabelle stehen einige ausgewählte römische Städte und Landschaften, sowie ihre Ortsbreiten. Die modernen Winkel $\varphi(M)$ stehen in der ersten Spalte. Sie stammen aus dem "Internationalen Atlas". An zweiter Stelle folgen die Angaben von Ptolemaios ($\varphi(P)$). Die Ortsbreiten $\varphi(1)$, $\varphi(2)$ und $\varphi(3)$ sind tragbaren Sonnenuhren entnommen. $\varphi(1)$ gehören zu drei sehr ähnlichen Sonnenuhren VI.1, VI.2 und VI.3 (vgl. 3.6). $\varphi(2)$ gehört zu VI.5, $\varphi(3)$ zur VI.7. Es fällt auf, daß man sich bei diesen Uhren oft nur mit ungefähren Zuordnungen begnügt hat, also einzelne Breitengrade für eine ganze Region stehen. Als Gründe dafür lassen sich benennen, daß selbst genauere Angaben bei den geringen Abmessungen der Taschenuhren exakte Stundenmessungen gar nicht ermöglicht hätten, daß die römischen Siedlungen nördlich der Alpen wirtschaftlich meist zu unbedeutend waren, um sie namentlich aufzuführen, und auch, daß diese "Regionalisierung" der Ortsbreite dem Denken in Klimata entspricht.

Die nächste Spalte gibt das Verhältnis von Gnomonhöhe zur Mittagsschattenlänge an den Äquinoktien bei Vitruv ($V(V)$). Wollte man nach der Vorlage des Vitruv konstruieren und war nur der Ortsbreitewinkel bekannt, mußte dieser zunächst in das Verhältnis umgerechnet werden. Dazu dienten Sehnentafeln. Ptolemaios hat in seiner "Astronomie" (2. Buch, 5. Kapitel) das Vorgehen gezeigt. Dabei rechnete er mit einer Gnomonhöhe von 60 Einheiten.

Bei der Kürze der Schattenwerfer wird man wohl meist mit einer gröberen Teilung gearbeitet haben. Deshalb nennt Vitruv nur Verhältnisse, bei denen alle Zahlenwerte unter 16 bleiben. Auf diesem "perfectissimus numerus" beruht auch der daktylische Fuß, der aus 16 Daktyloi besteht. In $V(16)$ stehen also Verhältnisse, die aus dem Ortsbreitewinkel $\varphi(P)$ des Ptolemaios auf der Basis 16 berechnet wurden. Das Vorgehen führt natürlich zu weiteren Ungenauigkeiten, zeigt aber eine gute Übereinstimmung zwischen $V(V)$ und $V(16)$.

Ort	φ(M)	φ(P)	φ(1)	φ(2)	φ(3)	V(V)	V(16)
Alexandria (Ägypten)	31°13'	31°		31°		5:3	5:3
Altinum (Italien)	45°33'	44°25'					1:1
Ancona	43°38'	43°40'					16:15
Aquileia	45°47'	45°		45°			1:1
Brundisium	40°38'	39°40'					6:5
Pisae	43°43'	42°45'					12:11
Ravenna	44°25'	44°		44°			16:15
Roma	41°54'	41°40'		41°40'	41°30'	9:8	9:8
Syracus	37°4'	37°		37°			4:3
Tarentum	40°36'	40°				11:9	6:5
Britanniae			55°-57°				
Galliae			48°	44°	46°		
Germaniae			50°-51°				
Italiae			42°-43°				

Wie ein weiterer Blick auf die Tabelle zeigt, sind fast alle Ptolemaischen Winkel kleiner oder gleich den modernen Winkeln. Dafür gibt es vermutlich den folgenden Grund. Die Sonne steht nicht als Punkt am Himmel, sondern als ausgedehnte Scheibe. Die bisherigen Überlegungen gelten also strenggenommen nur für einen Strahl, der vom Mittelpunkt dieser Scheibe ausgeht. Die Sonnenscheibe bildet, und das wußten bereits die antiken Astronomen, für unser Auge einen Sehwinkel von 30' bzw. 0,5°. Nimmt man nun eine Messung mit dem Gnomon vor, so ist der Schatten tatsächlich ein wenig kürzer, als wenn man von einem Zentrumstrahl ausgeht. Der Ortsbreite-

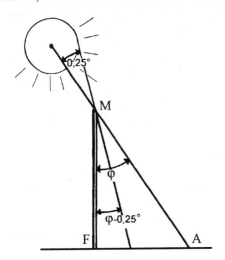

Abb.39

winkel scheint kleiner zu sein, und zwar um 0,25°. In Abb.39 wurde die
Größe des Winkels stark übertrieben.

4.6 Individuelle Fehler

Neben systematischen Fehlern, die aufgrund der überlieferten Werte das
Konstruktionsergebnis beeinflußten, sind auch die individuellen Fehler des
Konstrukteurs zu beachten.

Dieser hatte vornehmlich drei Punkte zu berücksichtigen, wollte er, nach
dem Analemma des Vitruv, eine möglichst genaue Sonnenuhr erhalten:

o   eine einwandfrei Umsetzung des Analemmas,

o   eine exakte Ausrichtung von Sonnenuhr und Gnomon, so daß sich die
       Schattenspitze zum Zeitpunkt des äquinoktialen Mittag genau im
       Schnittpunkt von Meridian- und Äquinoktiallinie befindet,

o   eine gute Übereinstimmung zwischen analemmatischer und
       tatsächlicher Schattenfläche.

Einfachen Steinmetzen wird der erste Punkt in jedem Fall Probleme bereitet
haben, das gilt sowohl für eine graphische als auch für eine Fadenkonstruktion. Letztere wird Fehler zum Beispiel bei der Winkelbestimmung
eher noch begünstigt haben. Nicht mehr nachgeprüft werden kann, wie
erfolgreich die Sonnenuhrenbauer bei der Aufgabe gewesen sind, den
Gnomon exakt zu positionieren. Was allerdings die Ausrichtung der
Sonnenuhr betrifft, so mußten sie sich nur nach Vitruv richten, der das
Verfahren zur Bestimmung der Nord-Süd-Richtung ausführlich dargestellt
hat (1. Buch, 6. Kapitel; siehe auch 5.1).

Auch die dritte der Bedingungen war mit Hilfe der antiken Techniken nur
schwer zu verwirklichen. Vor allem das Herstellen eines exakten
Hohlkugelsegments hat, wie viele einfach bearbeitete Fundstücke belegen,
große Probleme bereitet. Vergleichsweise einfacher war da die Herstellung
des Grundkörpers bei den Hohlkegelsonnenuhren, da diese nur in einer

Richtung gekrümmt sind. Das könnte die vergleichsweise große Anzahl der vorgefundenen Exemplare erklären. Andererseits sind ebene Sonnenuhren nicht so häufig anzutreffen, wie man, bei einer Weiterführung dieses Gedankens, erwarten müßte. Für die unterschiedlichen Häufigkeiten waren offenbar andere Gründe mit entscheidend.

War nun die Schattenfläche des Grundkörpers unsauber gearbeitet, so hatte ein gewissenhafter Konstrukteur zwei Möglichkeiten. Entweder arbeitete er mit einer Fadenkonstruktion, oder aber er vernachlässigte die Ungenauigkeiten und zog die Linien zunächst so, wie er sie für richtig erachtete, um dann vielleicht später die eine oder andere Linie aufgrund der Lichtführung der Sonne zu korrigieren. Jedenfalls geben die gefundenen Uhren verschiedentlich davon Zeugnis ab, daß nachgebessert worden ist.

Es ist deshalb der Annahme mit Vorsicht zu begegnen, die Stunden- und Monatslinien seien in jedem Falle nach einer geometrischen Konstruktion und unbesorgt um die Qualität des Grundkörpers eingeschlagen worden. Diese Annahme vereinfacht natürlich die Herangehensweise vor allem bei der Analyse gekrümmter Sonnenuhrenflächen und wird auch bei einer Vermessung bloß mit Maßband und Taschenrechner, wie sie im nächsten Kapitel vorgestellt werden soll, der Meßfehler wegen genügen.

Bei genaueren Meßwerterhebungen jedoch, die in der Zukunft sicherlich vermehrt Anwendung finden werden, wie 3-D-Scanning, Stereo- oder Lichtschnittverfahren oder Vermessungen auf Grundlage der Fotogrammetrie, sollte man solche Überlegungen stärker berücksichtigen. Ansonsten ist es schnell geschehen, die Genauigkeit der Sonnenuhren und die Fachkenntnis der Sonnenuhrenbauer schlechter zu beurteilen, als sie es tatsächlich waren.

4.7 Analyse einer Sonnenuhr

Abschließend soll ein einfaches und in vielen Fällen auch aussagekräftiges Verfahren beschrieben werden, auf dessen Grundlage im letzten Teil einige Sonnenuhren analysiert worden sind. Solche Methoden werden auch im Zeitalter des Computers ihren Stellenwert behalten. Denn weder wird es sinnvoll und notwendig sein, jeden Sonnenuhrenfund einer genaueren, computerunterstützten Vermessung zu unterziehen, noch verbürgt ein solches Vorgehen verläßlichere Aussagen als ein geschultes Auge.

Vonnöten sind nur ein Maßband und ein Taschenrechner. Bewährt hat sich ein einfaches Papierband, das eng auf den Stein aufgelegt wird und auf das die jeweiligen Längen markiert werden, um sie anschließend auszumessen. Bei gekrümmten Flächen erhält man so Bogenlängen und nicht, wie zum Beispiel *Drecker*, der mit einem Stechzirkel gearbeitet hat, Sehnen.

Die Vorgehensweise ist bei allen untersuchten ortsfesten Exemplaren gleich. Nach einführenden Vorbemerkungen zum Fundstück wird dieses abgebildet und die wichtigsten Meßdaten aufgeführt. Diese Daten werden als Meßdiagramm präsentiert. Es hat die Form eines Koordinatenkreuzes. Gemessen wird stets vom Koordinatenschnittpunkt. Die x-Achse entspricht der Äquinoktiallinie, die y-Achse dem Meridian. Auf der y-Achse liegen also die Punkte F (Fußpunkt des Gnomons), W (Wintersolstitialpunkt des Meridians), A (Äquinoktialpunkt des Meridians und Koordinatenschnittpunkt) und S (Sommersolstitialpunkt des Meridians), auf der x-Achse die Entfernungen der Stundenpunkte vom Meridian, gezählt von $A(0)$, dem Tagesbeginn, oder $A(1)$, dem Ende der ersten Stunde, bis $A(11)$ oder möglicherweise $A(12)$ für das Ende des lichten Tages. Ob W, S oder F oberhalb von A liegen, also positiv gezählt werden, ist abhängig vom Typ der Sonnenuhr. $A(6) = A$ liegt auf dem Meridian, die Entfernung ist also 0. Auf der Äquinoktiallinie wird die Seite der Vormittagsstunden negativ, die der Nachmittagsstunden positiv gezählt. Als Beispiel gegeben ist das Meßdiagramm einer ebenen Horizontaluhr.

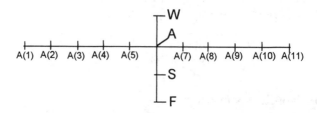

Mit den Meßdaten werden dann die beiden Fragen behandelt, die zur Beurteilung der mathematisch-wissenschaftlichen Qualität einer Sonnenuhr vor allem von Bedeutung sind:

o   Mit welcher Ortsbreite hat der Verfertiger gearbeitet und stimmt diese mit der antiken Ortsbreite des Fundortes überein?

o   Wie genau sind die Stundenlinien?

Leider wird man eindeutige Antworten vor allem zur ersten Frage nicht erwarten dürfen. Grund hierfür sind die Meßfehler, die bei jeder Messung zu berücksichtigen sind. Gibbs meinte: "My own measurement were made to the nearest millimeter; angular measurements werde made to the nearest degree" (*Gibbs, S. 119*). Dasselbe darf aber auch ich für meine Meßdiagramme in Anspruch nehmen, erhalte aber oft eine Abweichung von 1 mm und teilweise sogar mehr als 1 mm zu ihren Messungen. Je größer die Abmessungen einer Sonnenuhr sind, um so geringer fällt dieser Fehler ins Gewicht, doch kann sich vor allem bei kleineren Exemplaren ein erhebliches Toleranzintervall für die Ortsbreite ergeben. Diesen Meßfehler und seine Fortpflanzung durch den Kurs der Berechnungen zu negieren, wäre unredlich.

Jede Berechnung geschieht deshalb dreifach: mit den gemessenen Werten und mit den beiden ungünstigsten Fällen, wobei von A aus in jede Richtung immer ein Meßfehler von 1 mm nach oben und nach unten angesetzt wurde. Selbst Fehlerintervalle von bis zu 4 mm, die dadurch entstehen können, sind realistisch, denn durch gekrümmte und stark gekörnte Oberflächen wird ein exaktes Auflegen des Maßbandes oft sehr erschwert.

Was die Genauigkeit der Stundenlinien betrifft, soll auf eine mathematische Analyse des gesamten Linienbildes verzichtet werden. Statt dessen soll nur die Äquinoktiallinie herangezogen werden, wie sie sich aus dem Meßdiagramm darbietet. Diese Vorgehensweise reicht gewöhnlich aus, denn so genau wie der Verfertiger in diesem Bereich gearbeitet hat, hat er es meist auf der gesamten Uhrenfläche getan. Natürlich ist hier ein Ansatzpunkt für Kritik gegeben, aber es vereinfacht die Rechnung ungemein, zumal, wenn nur ein Taschenrechner und kein Computerprogramm zur Verfügung steht.

Wie wird die Genauigkeit der Zeitanzeige berechnet? Am Tag des Äquinoktiums beschreibt jede Temporalstunde am Himmel einen Winkel von 15° (vgl. 1.5). Mit dem Ende der *n*-ten Stunde hat die Zeit $t(n)$ also die folgenden Winkel durchlaufen:

n	1	2	3	4	5	6	7	8	9	10	11	12
$t(n)$	-75°	-60°	-45°	-30°	-15°	0°	15°	30°	45°	60°	75°	90°

Diese Winkel kann man vergleichen mit den Stundenwinkeln, die zu den Stundenmarken auf der Äquinoktiallinie gehören. Sie sollen $t'(n)$ heißen. Man kann nun den dazugehörigen Zeitfehler $t'(n)-t(n)$ bestimmen. Dieser Fehler wird als Maß für die Genauigkeit einer Uhr genommen und soll *Zeitdif*(ferenz) genannt werden. Er wird nicht im Winkelmaß angegeben, sondern, auf ganze Zahlen gerundet, in der heute üblichen Einheit Minuten.

Wenn dabei von einer genauen Zeitanzeige gesprochen wird, so wird für diese Beurteilung ein römisch-antiker Maßstab angelegt. Danach ist, von Astronomen einmal abgesehen, eine Genauigkeit im Minutenbereich außergewöhnlich. In der antiken Literatur werden für das öffentliche Leben Unterteilungen der Stunde nicht genannt und Treffen oder Geschäfte nur immer auf der Basis ganzer Stunden verabredet.

Zum Schluß noch einige Bemerkungen zur gewählten Analysemethode:

o   Alle Rechnungen werden mit modernen Formeln durchgeführt. Der ihnen jeweils zugrundeliegende Gedanke wäre aber einem Ptolemaios nicht fremd gewesen, hätte man ihn in ein Analemma eingebettet oder mit Hilfe des antiken Funktionsapparates dargestellt.

o   Unabhängig von der möglichen Entstehungszeit der Uhr soll immer mit dem für die Antike konventionellen Wert von 24° für die Schiefe gerechnet werden. Falls einzelne Uhren tatsächlich mit einer anderen Schiefe konstruiert worden sind, so ist der Fehler, der dadurch entsteht, gering.

o   Vielleicht vermißt man eine Untersuchung über die Genauigkeit der auf den Uhren verzeichneten Datumslinien, also zum Beispiel auch der Solstitiallinien, zumal in der Literatur verschiedentlich zu lesen ist, die Sonnenuhren hätten vornehmlich kalendarischen Zwecken gedient. Gegen diese Auffassung spricht aber sowohl, daß die ortsfesten Sonnenuhren selten mehr als drei Datumslinien aufweisen, als auch, daß die Datumslinien auf einer Sonnenuhr nie tagesgenau eingezeichnet werden können. Meist ergibt sich ein Ablesefehler von mehreren Tagen, was für kalendarische Zwecke nur wenig taugt. Die Datumsanzeige hatte also im Vergleich zur Stundenanzeige auf einer Sonnenuhr nur eine untergeordnete Bedeutung. Aus diesem Grunde wurde bei den vorgestellten Grobanalysen auf eine gesonderte Untersuchung der Datumslinien verzichtet.

5. Teil: Beispiele

5.1 Die Horizontalsonnenuhr in Wiesbaden

Vorbemerkungen

Im Städtischen Museum Wiesbaden befindet sich in der Sammlung Nassauischer Altertümer eine rechteckige Kalksteinplatte, in der das Bild einer horizontalen Sonnenuhr eingemeißelt ist. Die Uhr wurde 1867 in der Nähe der noch heute sprudelnden Schützenhofquelle unter den Überresten einer römischen Badeanlage gefunden. Eine Sonnenuhr bei einer Therme war nichts außergewöhnliches, half sie doch dem Pächter einer solchen Anlage, bestimmte Öffnungszeiten einzuhalten. So hatte zum Beispiel Hadrian bestimmt, daß kein öffentliches Bad vor der achten Stunde zu betreten sei, und auch, daß die Zeiten so zu regeln seien, daß ein Besuch nach Geschlechtern getrennt ermöglicht wird.

Die Thermen waren bereits Plinius bekannt. Damals existierte in ihrer Nähe auf dem "Heidenberg" ein Erdkastell, das Domitian um 83 n. Chr. zum Steinkastell ausbaute und unter dem amtlichen Namen "Aquae Mattiacorum" bis ca. 400 existierte. Der Stein ist ganz von der Art, "wie sie hier im Wiesbadener Schulberge gefunden werden" (*Schlieben, S. 322*). Es handelt

72

sich um den bislang einzigen Fund einer Horizontalsonnenuhr außerhalb des römischen Kernlandes.

Die ersten Berechnungen der Uhr wurden von *Schlieben* durchgeführt und von *Gibbs (Nr. 4014)* bestätigt. Beide fanden, die Uhr sei für die Ortsbreite von Wiesbaden (50°) angefertigt worden.

Der Fund

Das Liniennetz auf der Platte mit den Maßen 53 x 48 cm und einer Dicke von ca. 11 cm scheint von ungeübter Hand ausgeführt worden zu sein (Abb.40). Die 11 geraden Stundenlinien liegen leidlich symmetrisch zur Meridianlinie. Die mittleren Stundenlinien wurden offenbar korrigiert und die Verbindlichkeit durch stärkere Einkerbung betont (Abb.41). An einigen Linien waren im Jahre des Fundes noch Reste von roter Farbe zu erkennen. Aufgrund der Lage der Stundenlinien ergibt sich eindeutig, daß es sich um eine Horizontaluhr und nicht um eine Vertikaluhr handelt. Bei einer Vertikaluhr müßten die Stundenlinien viel stärker nach innen geneigt sein, so daß sie sich nahezu im Gnomonloch treffen.

Die Solstitiallinien, welche tatsächlich Hyperbeln sein müßten, verlaufen sehr ungleichmäßig. Zum Gnomonloch hin begrenzt die Sommersolstitiallinie das Liniennetz, gegenüberliegend die Wintersolstitiallinie und an den Seiten die erste und die elfte Stundenlinie. Die gerade Äquinoktiallinie schneidet den Meridian rechtwinklig.

In der Bohrung, die einst den Gnomonfuß aufgenommen hat, fand *Gibbs* Spuren von Bronze und Eisen. Später hatte sie einen leicht geneigten Gnomon gehalten. Darauf weisen die Abbildung bei *Czysz* und eine leichte Schräge des jetzigen Lochs hin, welches von einer Bleimasse mit einem Durchmesser von ca. 7 mm umgeben ist. Einen schiefen, achsenparallelen Gnomon hatte fälschlicherweise bereits *Weiss* für die antiken Horizontalsonnenuhren angenommen (vgl. auch *Drecker, S. 45)*.

Die Lage des Gnomonfußpunktes *F* kann relativ genau angegeben werden. Er ist nämlich auch Mittelpunkt einer unvollständig erhaltenen Kreislinie mit einem Radius von 72 mm.

Schlieben vermutete aufgrund der rohen Form, das Liniennetz der Uhr sei nicht konstruiert, sondern durch Probieren gefunden worden. *Diels* sprach

Abb.40

Abb.41

74

sich dagegen von einer "theoretischen" Konstruktion der Linien aus. Diese "erwies sich beim praktischen Gebrauche nicht ganz richtig. Das ist dann, wie man sieht, korrigiert worden" (*Diels, S. 182*). Dieser Meinung kann man sich anschließen, steht doch die langwierige Beobachtungsmethode gar zu sehr im Gegensatz zu der offenbar sorglosen Verfertigung der Uhr. Vielleicht hatte der Steinmetz ja nicht selber konstruiert, sondern eine Zeichnung bestellt, aus der er dann lediglich die Maße übernehmen mußte.

Die Bearbeitung des Steins erfolgte offenbar "in situ", indem vom Steinmetz zunächst die Nord-Süd-Richtung ermittelt wurde. Unter dieser Annahme läßt sich die den Punkt *F* umgebene Kreislinie ebenso einfach erklären wie die unnötigerweise über die Schattenfläche hinausführende Meridianlinie.

Beim Verfahren zur Bestimmung der Nord-Süd-Richtung, das u.a. bei Vitruv ausführlich beschrieben ist (vgl. 4.6), wird der Stein in die vorbestimmte Position gebracht, das Gnomonloch gebohrt und um die Öffnung ein Kreis geschlagen. Dann wird der Gnomon befestigt und die Schattenspitze beobachtet. Mit den beiden Punkten, in denen der Schatten die Kreislinie kreuzt, bildet der Punkt *F* ein gleichschenkliges Dreieck, dessen Symmetrieachse die gesuchte Nord-Süd-Richtung gibt. Da sie beim Wiesbadener Exemplar über die Meridianlinie hinausgeht, ist anzunehmen, daß sie hier zuerst da war. Daß sie vom Steinmetz ebenso wie der Kreis in den Stein gehauen wurden, war allerdings unnötig und spricht für wenig Erfahrung auf dem Gebiet.

Bei den beiden Abbildungen und auch beim anschließenden Meßdiagramm ist zu beachten, daß bei einer Betrachtung der horizontalen Platte aus südlicher Richtung das Liniennetz hinter dem Gnomon liegt. Schaut man dann über die Uhr, ist der Fußpunkt des Gnomons unten und die Wintersolstitiallinie über der Äquinoktiallinie. *Schlieben* und *Diels* hingegen stellten die Sonnenuhr so, daß der Betrachter aus nördlicher Richtung auf die Platte schaut. Im Diagramm wurden die Meßergebnisse für die schwächeren ursprünglichen Linien in Klammern jeweils darunter geschrieben.

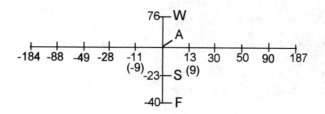

Die Berechnungen

Um die Ortsbreiteberechnungen von *Schlieben* und *Gibbs* zu überprüfen, werden aus dem Meßdiagramm $WA = 76$ mm und $AS = 23$ mm entnommen und in die Formel

(F 75,1) $\tan \varphi = \cot 24° \cdot (WA - AS)/(WA + AS)$

eingesetzt. Einen Meßfehler von ± 1 mm berücksichtigend führt dies zur folgenden Kalkulationstabelle:

WA in mm	*AS* in mm	*WA - AS* in mm	*WA+AS* in mm	$(WA - AS)/(WA+AS)$	$\tan \varphi$	φ in °
77	22	55	99	0,56	1,25	51,29
76	23	53	99	0,54	1,2	50,25
75	24	51	99	0,52	1,16	49,16

φ liegt also tatsächlich um den richtigen Wert für Wiesbaden bzw. für Germania (vgl. die Breitentabelle in 4.5). Bei der Konstruktion der Uhr ist vermutlich mit einer solchen Tabelle gearbeitet worden. Es soll deshalb mit $\varphi = 50°$ weitergerechnet werden.

Eine weitere charakteristische Größe der Sonnenuhr ist die Länge des vertikalen Gnomons. Dazu bestimmt man auf dem Meridian eine beliebige Strecke XY, wobei allerdings die entsprechenden Deklinationen $d(X)$ und $d(Y)$ bekannt sein müssen. Aus diesen werden die zugehörigen Zenitdistanzen $z(X)$ und $z(Y)$ berechnet und in die Formel für die Gnomonhöhe FM eingesetzt, die aus Abb.42 folgt:

(F 75,2) $FM = XY / (\tan z(X) - \tan z(Y))$.

Hat man erst FM, kann auch der Ort F des Gnomonfußpunktes kontrolliert werden. Die entsprechende Gleichung, die sich ebenfalls aus Abb.42 ableiten läßt, lautet:

(F 75,3) $FA = FM \cdot \tan \varphi$

Es soll hier mit $XY = SA + AW$, also mit $z(W) = \varphi + \varepsilon$ und $z(S) = \varphi - \varepsilon$ gearbeitet werden. Für ε wird wie immer 24° gesetzt. Für $SA + AW$ ergeben

76

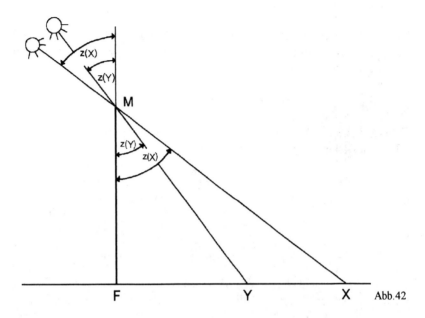

F   Y   X   Abb.42

sich sowohl für den Mittelwert als auch die Grenzen des Toleranzbereichs jeweils 99 mm. Ansonsten erhält man

$SA + AW$ in mm	$z(W)$ in °	$z(S)$ in °	$\tan z(W) - \tan z(S)$	FM in mm	FA in mm
99	74	26	3	33	39,6

Ein aufrechter Gnomon sollte danach eine Länge von ca. 33 mm besessen haben. Vergleicht man außerdem den Wert für FA im Meßdiagramm mit dem berechneten Wert, so ergibt sich eine gute Übereinstimmung. Der Gnomon hatte also seinen Fußpunkt tatsächlich dort, wo heute das Loch liegt.

Wie sieht es mit der Präzision der nach *Diels* "handwerksmäßigen" Zeichnung aus? Die Stundenwinkel $t'(n)$ lassen sich aus den Markierungen $A(n)$ durch

(F 76) $\tan t'(n) = \cos \varphi \cdot A(n) / FM$ für $n = 1, \dots ,11$

berechnen. Aus Abb.43 ergibt sich $\cos \varphi = FM/AM$ und $\tan t'(n) = A(n)/AM$, was nach Umformung schließlich zu (F 76) führt. Man beachte, daß $A(n)$

sich mit dem Winkel $t'(n)$ verändert und so positive und negative Werte annehmen kann. In Abb.43 ist neben dem Winkel $t'(n)$ auch der dazu gehörige Winkel $t(n)$ eingezeichnet, so daß $t'(n) < t(n)$. Für diesen Fall wäre die Markierung $A(n)$ auf der Uhr "zu früh" angebracht worden, die Uhr geht an dieser Stelle vor. Es ist dann $t'(n) - t(n) < 0$ und *Zeitdif* ist negativ.

Für die Bestimmung von *Zeitdif* wird $\varphi = 50°$ und $FM = 33$ mm gesetzt. $A(n)$ wurde aus dem Meßdiagramm, $t(n)$ aus der Tabelle von 4.7 übernommen und der besseren Übersicht wegen dazugefügt. Eingeklammert sind die Ergebnisse für die schwächeren ursprünglichen Linien.

n	1	2	3	4	5	6	7	8	9	10	11
$A(n)$ in mm	-184	-88	-49	-28	-11(-9)	0	13(9)	30	50	90	187
$t'(n)$ in °	-74,4	-59,7	-43,1	-28,6	-11	0	14,2	30,3	43,7	60,3	74,7
$t(n)$ in °	-75	-60	-45	-30	-15	0	15	30	45	60	75
Zeitdif in min	2	1	5	6	12(20)	0	-3(-20)	1	-3	1	-1

Die Rechnung zeigt eine Exaktheit der Uhr, die erstaunt, wenn man die grobe Zeichnung bedenkt. Die "falschen" Linien wurden gut korrigiert. Nur die fünfte Stundenlinie weist noch eine Abweichung von über 10 Minuten

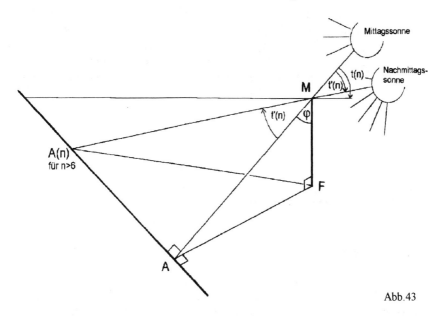

Abb.43

auf. Bei einem eventuellen Meßfehler von 1 mm würde sich $t'(n)$ jeweils um ca. 1° oder 4 min verändern, was die Genauigkeit der Uhr nicht wesentlich einschränkt.

Zusammenfassung

Die Wiesbadener Sonnenuhr ermöglichte die Regelung der Einlaßzeiten zu einer römischen Therme und war für die Ortsbreite ihres Fundorts eingerichtet.

Die ungeschickte Vorgehensweise bei der Ermittlung der Nord-Süd-Richtung der Uhr und die Nachlässigkeit beim Hauen ihrer Solstitiallinien lassen vermuten, daß sie nicht in einer auf Sonnenuhren spezialisierten Werkstatt angefertigt wurde, sondern an Ort und Stelle von einem Steinmetz, der eine ihm vorliegende Zeichnung nicht in allen Teilen sorgfältig umzusetzen verstand. Dennoch weist die Uhr eine erstaunliche Genauigkeit auf. Diese und die Korrekturen, welche an ihr noch sichtbar sind, deuten auf ein starkes Interesse an einer exakten Zeitgebung hin.

F. Kenner/E. Weiss, Römische Sonnenuhren aus Aquileia (Mitteilungen der k. k. Zentral-Kommission zur Erforschung und Erhaltung der Kunst- und historischen Denkmale), Wien 1880. — A. Schlieben, Römische Sonnenuhren in Wiesbaden und Cannstadt, in: Annalen des Vereins für nassauische Altertumskunde XX (1888), S. 316-333, Tafel 11-13. — W. Czysz, Wiesbaden in der Römerzeit, Stuttgart 1994, S. 68f.

5.2 Das Solarium des Augustus

Vorbemerkungen

Gemäß der Schilderung des Plinius Secundus im 36. Kapitel seiner "Naturkunde" ließ Kaiser Augustus seinen ersten Obelisken aus Heliopolis (Ägypten) auf dem Marsfeld aufstellen. Dem Obelisken gab er dabei die "wunderbare Verwendung, die Schatten der Sonne - und so auch die Länge der Tage und Nächte - zu erfassen, und zwar auf einem der Größe des Obelisken entsprechenden Steinpflaster, auf dem der Schatten am Tag der Wintersonnenwende zur Mittagsstunde gleich werden und dann allmählich längs eines Maßstabes aus eingelegter Bronze von Tag zu Tag ab- und wieder zunehmen sollte, eine bemerkenswerte Tatsache, die dem Genie des Astrologen Nov(i)us Facundus zu verdanken ist. Dieser fügte der Spitze eine vergoldete Kugel hinzu, durch deren Rand der Schatten auf sich selbst gesammelt werden sollte".

Aus dem Text läßt sich entnehmen, daß es auf dem Marsfeld einen durch Bronzestreifen unterteilten Meridian gab, und zwar mit einer solchen Länge, daß man den Mittag sowohl zum Wintersolstitium als auch zum Sommersolstitium noch ablesen konnte. Mehr geht aus dem Pliniustext nicht hervor. Vor allem ist nicht zu erkennen, daß hier von weiteren Stundenlinien die Rede ist, Plinius also eine Sonnenuhr meint.

Die Jesuiten Masius und Kircher waren die ersten die eine solche Vermutung äußerten. *Buchner* hat dann diese Idee erneut aufgegriffen und sie zu begründen versucht. Sie ist allerdings von *Schütz* in allen wesentlichen Punkten widerlegt worden. *Schütz* kann sich dabei auf den Bibliothekar und Archäologen *Bandini* berufen, der bereits 1750 im Auftrag des Papstes Benedict XIV. eine Zusammenstellung aller Berichte über den Obelisken seit Plinius verfaßt hatte, einschließlich eines Protokolls einer Ausgrabung von 1748 sowie Stellungnahmen von Leonhard Euler und anderen bedeutenden Astronomen seiner Zeit, und der zu dem eindeutigen Ergebnis kam, daß durch Gutachten der "hervorragendsten Mathematiker" bestätigt sei, daß der Schatten des Obelisken nur für einen Meridian genutzt wurde.

Auch die Ausgrabungen unter Anleitung von *Buchner* führten bis heute lediglich zum Auffinden eines Teils einer Meridianlinie. Dieser Fund soll im Mittelpunkt der weiteren Untersuchung stehen. Da aber Buchners Thesen über das von ihm so genannte Solarium Augusti sehr populär geworden sind, seien einige Anmerkungen zu seiner Argumentation vorangestellt.

Bei Bauarbeiten auf dem Marsfeld waren immer wieder Reste einer großen goldenen Stundenlinie aufgetaucht. Die verschiedenen bereits von *Bandini* gesammelten Berichte darüber geben aber an keiner Stelle darüber Auskunft, um welche Art von Linie es sich dabei handelte. Deshalb ist, wie *Schütz* nachweist, die Behauptung *Buchners* falsch, im Jahre 1463 sei man zum ersten Mal auf das Liniennetz des Solarium gestoßen (*1982, S. 51*), und ebenso seine Folgerung, es sei "auch wegen der Linien im Bereich dieser Kapelle völlig ausgeschlossen, daß die Uhr, wie man im 18. Jahrhundert vielfach geglaubt hat, nur ein Meridian war" (*1982, S. 51*). Nicht anders verhält es sich mit *Buchners* neuer Idee, im Jahre 1463 sei in der Kirche San Lorenzo in Lucina, also im Abstand von ca. 66 m vom Obelisken, "offenbar der Name des Windes Boreas" gefunden worden (*1993-94, S. 78*). Denn *Buchner* entnimmt diese Deutung demselben Buch, das ihn bereits zur obigen Fehlinterpretation verleitete und dem, da es erst 1903 erschienen ist, keine neuen Quellen zu Grunde lagen, als jene, die bereits *Bandini* kannte.

Aufgrund seiner neuen Spekulation verändert *Buchner* die Umrandung der Sonnenuhr nun völlig. Hatte *Buchner* zuvor noch mit Worten wie "tatsächlich ausgeführte Teile" und "die wohl alle überzeugend sind" eine Trapezform verfochten (*1982, S. 40-43, Abb.13*, hier Abb.44), so ist er nunmehr von dem Vorhandensein einer Windrose am Rande des Liniennetzes überzeugt, "das dann kreisrund gewesen sein muß" (*1993-94, S. 78*). Mit dem Hinweis auf die Windrose glaubt er, "diese Meridian-Theorie" widerlegen zu können (*1993-94, S. 80*). Dabei macht er glauben, Sonnenuhr und Windrose würden einander bedingen. Daß dies nicht so ist, zeigen Horizontalsonnenuhren ohne Windrose und Windrosenfunde ohne Horizontalsonnenuhren. Auch sein Hinweis, man habe bei den von ihm initiierten Ausgrabungen eine Monatslinie gefunden (*1993-94, S. 80*), entspricht so nicht der Realität. Tatsächlich wurde im Bereich des Meridianfundes nur ein mit zahlreichen Steinbrocken vermischter dunkel verfärbter Erdstreifen entdeckt, den *Buchner* als Fundament einer Monatslinie deutet.

Man muß sich auch fragen, warum die doch so praktisch denkenden Römer eine Sonnenuhr auf einem riesigen Platz von der Größe dreier Fußballfelder ausgebreitet haben sollen. Nicht nur, daß ein solches Linienmuster ungleich schwerer zu berechnen ist als ein Meridian, man kann auch die Tageszeit bei einer solchen Uhr problemlos nur aus der Vogelperspektive ablesen (Abb.45; die beiden spitz auf den Meridian zulaufenden Tageszuwachskurven hat *Buchner* inzwischen korrigiert, denn sie müßten tatsächlich Strecken sein, vgl. *Gibbs, S. 80f*). Gerade hierin sehe ich einen wesentlichen Unterschied dieser Anlage zur begehbaren Sonnenuhr auf dem römischen Forum von Thamugadi (Timgad/Algerien). Diese Horizontalsonnenuhr ganz in der Form des Wiesbadeners Exemplars war kaum größer als 7 x 10 m und dadurch leicht mit dem Auge zu erfassen *(Guerbabi)*.

Auch zeigt die einzige antike Abbildung des Obelisken auf der Säule der Faustina und des Antoninus Pius, welche früher auch auf dem Marsfeld ganz

81

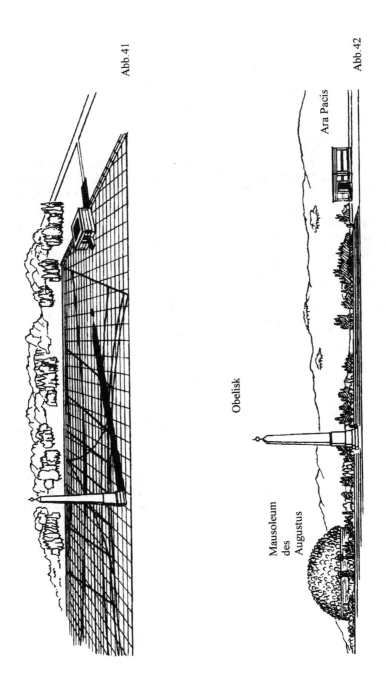

Abb. 41

Abb. 42

Ara Pacis

Obelisk

Mausoleum
des
Augustus

in der Nähe des Obelisken gestanden hat, diesen gemeinsam mit dem Zodiak, dem Himmelsband der Sternzeichen. Bei der Vorstellung des Fundes im nächsten Abschnitt wird sich der Meridian als ein Abbild des Zodiaks erweisen, so daß sich der Gedanke aufdrängt, ob nicht der Zodiak im Steinrelief als Hinweis auf den Meridian auf dem Marsfeld gedeutet werden kann.

Unabhängig von der Frage der Sonnenuhr stellt *Buchner* allerdings noch eine zweite Überlegung an und knüpft zwischen dem Obelisken, dem Mausoleum des Augustus und der Ara Pacis Augustae eine über die räumliche Nähe hinausführende ideelle Beziehung. Vor allem mit dem Altar des Augustusfriedens, der zu Ehren des Triumphators über die Gallier gebaut und im Jahre 9 v. Chr. wahrscheinlich zeitgleich mit dem Obelisken eingeweiht wurde, vermutet er astrologische Zusammenhänge. Daß solche naheliegen, geht schon daraus hervor, daß der Erbauer ein Experte auf diesem Gebiet gewesen ist. Darüber hinaus zeigen verschiedene Schriften aus der Zeit des Augustus, daß die Astrologie damals in Blüte stand.

Buchner vermutet, Augustus sei an einem 23. September, also um das Herbstäquinoktium geboren (vgl. jedoch *Barton* und die Unsicherheit um Augustus' Geburtstag). *Buchner* legt deshalb die Äquinoktiallinie seiner Sonnenuhr so, daß sie genau durch das Zentrum der Ara Pacis führt. Das ist ihm wichtig, denn er möchte, daß der Kernschatten der Kugel des Obelisken am Geburtstag des Kaisers durch die Ara Pacis wandert.

Solche und ähnliche Überlegungen waren die Grundlage für *Buchners* kühnen Entwurf einer Anlage der Superlative: "die größte Uhr, der größte Kalender aller Zeiten" (*1982, Umschlagtext*).

Da der Obelisk 1792 vom ursprünglichen Standort verlegt und mit einer neuen Basis und einer neuen krönenden Kugel auf der Piazza Montecitorio wiedererrichtet wurde, mußte *Buchner* neben der Lage der Äquinoktiallinie auch den ursprünglichen Standort und die augusteische Höhe des Obelisken rekonstruieren, ein Unterfangen, das selbst bei einer besseren Beweislage, als sie *Buchner* vorlag, als nahezu unmöglich angesehen werden muß. Desungeachtet war *Buchner* von seiner Rekonstruktion überzeugt und paßte das Stundennetz dem augusteischen Marsfeld an. Das waren die Voraussetzungen dafür, erste Gelder für Ausgrabungen in den Jahren 1979 bis 1980 bewilligt zu erhalten.

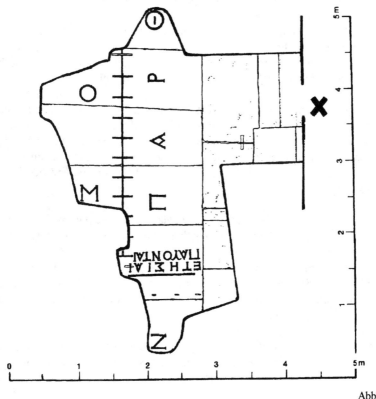

Abb.46

Der Fund

Im Sommer 1980 stieß ein Ausgrabungsteam unter Leitung des Deutschen Archäologischen Museums in Rom auf den wiedergegebenen Abschnitt des Liniennetzes (Abb.46). Die Linie ist aus Bronze, durch kurze Querstriche unterteilt und liegt genau in Nord-Süd-Richtung. Es handelt sich also um eine Meridianlinie.

Die vorgefundenen griechischen Buchstaben können zu ΠΑΡΘΕΝΟΣ = Jungfrau, ΚΡΙΟΣ = Widder und ΛΕΩΝ = Löwe ergänzt werden. Dort, wo die Sternzeichen von Jungfrau und Löwe zusammentreffen, steht als Kalenderhinweis ETHΣIAI ΠΑΥΟΝΤΑΙ = die Etisien (d.h. die Sommerwinde der Ägäis) hören auf. "Wir hatten also nicht nur griechische Buchstaben und Wörter, sondern auch einen aus Griechenland übernommenen Begriff"

84

(1982, S. 63), der, so kann hinzugefügt werden, für Rom gänzlich irrelevant ist. Das ist mehr als nur ein weiterer Beleg für die Hellenisierung Roms, wie sie für die gebildeten Kreise nachgewiesen werden kann. Der Hinweis auf die Sonnenwinde gibt Anlaß zu vermuten, daß es sich um die Kopie einer Anlage aus einer östlichen Hafenstadt, wahrscheinlich Alexandria, handelt, zumal dort Meridiane nicht unbekannt gewesen sind (vgl. 3.7 G).

Der Fund liegt ca. 1,6 m über dem Niveau der Augustus-Zeit. Aufgrund seiner Tiefe schloß *Buchner* zunächst auf eine Uhr aus der Zeit Domitians. Da keine tieferen Steine zu finden waren und die Formgebung der Buchstaben durchaus in die augusteische Zeit passen könnte, nahm er an, daß die Steine "für die 'domitianische' Uhr herausgenommen und bei dieser wiederverwendet wurden" *(1982, S. 72)*.

Neuerdings wird der Zeitraum der Neuanlage von *Buchner* weiter gefaßt und allgemein in die flavische Zeit gelegt. Auch spricht er in diesem Fall nicht mehr von einer Uhr, sondern sieht für die flavische Anlage das Augusteische Solarium "auf einen Streifen reduziert" *(1993-94, S. 83)*. Also ist der Fund, wie *Buchner* nunmehr selbst zugesteht, ein Meridian. Es handelt sich "nicht um die von Plinius beschriebene und von Buchner rekonstruierte Anlage" *(Schütz, S. 453)*.

Festdaten und Monatsnamen fehlen. Kein bürgerlicher Kalender ist es, der hier als Meridian vorliegt, sondern - und darauf verweist die Feinunterteilung der Sternzeichen in jeweils 30 Abschnitte - eine vornehmlich astrologische Einrichtung.

In der Abbildung sichtbar sind die ersten 11° im Sternzeichen Jungfrau, also von der Sternzeichengrenze Löwe/Jungfrau entsprechend 150° bis 161°, bzw. das Sternzeichen Stier von 19° bis 30°. Die Länge dieses Abschnitts wird von *Buchner* mit 3,10 m angegeben *(1982, S. 68)*. Inzwischen sind etwa 7 m bzw. 17° des Meridians aufgedeckt worden *(1993-94, S. 81)*. Das Kreuz in der Abbildung kennzeichnet den Ort, an dem *Buchner* die gefundene Sternzeichengrenze ursprünglich vermutet hatte.

Welche Aussagen über die Höhe des Obelisken und die Größe des Meridians lassen sich aus dem Fund ableiten? Welche Toleranzen sind zu berücksichtigen und wie beeinflussen sie das Ergebnis? Diese Fragen sollen im Mittelpunkt der weiteren Betrachtung stehen.

Eine Abschätzung für die Größe des Kugelschattens

Üblicherweise geht man bei Sonnenuhrberechnungen von einer punkt-förmigen Gnomonspitze aus, die einen punktförmigen Schatten wirft. Nun wird aber hier der Gnomon von einer Kugel gekrönt, die einen Schatten von einer nicht mehr vernachlässigbaren Ausdehnung wirft. Die Ausdehnung ist einerseits der Spielraum, den Nov(i)us Facundus für die Genauigkeit seiner Zeichnung hatte. Andererseits relativiert sie eine Scheinexaktheit der folgenden Ergebnisse. Es soll deshalb zunächst die Größe dieses Kernschattens in Abhängigkeit von der Entfernung vom Gnomon bestimmt werden. Der verschwommene Halb- bis Randschattenbereich soll unbeachtet bleiben.

Für die Ausmaße des ellipsenförmigen Kernschattens ist zum einen die Kugelgröße selbst, zum anderen die Entfernung des Schattens von der Kugel zu berücksichtigen. *Buchner* nimmt einen begründeten Kugeldurchmesser von 0,74 m an *(1982, S. 18)*. Bei der weiteren Bestimmung ist zu beachten, daß die entscheidenden Randstrahlen nicht parallel zu zeichnen sind, so wie es *Buchner* tut *(1982, S. 47)*. In Abb.47 sei *B* der Beobachter, der die Sonne deckungsgleich mit der Kugel sieht. Es bildet sich ein Schattenkegel, der mit zunehmender Entfernung vom Mittelpunkt *M* der Kugel schrumpft und seine Spitze in *B* hat.

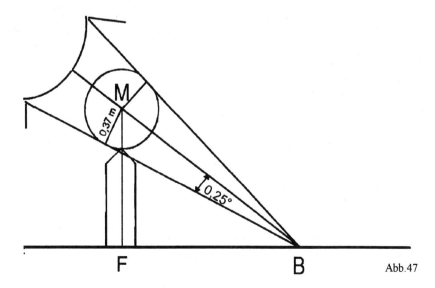

F   B   Abb.47

86

Aus $BM = 0,37$ m $/ \sin 0,25° = 84,80$ m und einer Gnomonhöhe FM von ca. 30 m - *Buchner* nennt einen etwas kleineren Wert, ich werde später mit einem etwas größeren Wert rechnen, was allerdings das Ergebnis nur unwesentlich beeinflussen wird - ergibt sich mit $FB = \sqrt{BM^2 - FM^2} = 80$ m, daß ab dieser Entfernung die Kugel nicht mehr sichtbar ist, der Schattenwurf sich für eine Zeitmessung nicht mehr eignet.

Hier ergibt sich ein Dissens zu den Überlegungen *Buchners*. Bei der Größe der von *Buchner* gewählten Kugel hätte ihr Schatten also nie die Ara Pacis, die sich nach den Angaben *Buchners* außerhalb dieses Bereichs befindet, erreicht, "und das B. vorschwebende Schauspiel, daß der Schatten zur Mitte der Ara Pacis wandert, ...wäre recht kläglich verlaufen." *(Schütz, S. 452)*

Bestimmt man näherungsweise auch für kleinere Entfernungen die beiden Durchmesser des elliptischen Kugelschattens, erhält man die Graphen von Abb.48. Der größere Durchmesser des Kugelschattens nimmt also nicht gleichmäßig mit der Entfernung ab, sondern es zeigt sich, daß er relativ stabil bleibt, um sich erst in größerer Entfernung aufzulösen. Der Grund liegt darin, daß bei kleineren Entfernungen die Größe der Kugel, bei größeren Entfernungen vorwiegend der Schrägeinfall des Lichts das Resultat beeinflußt. Die Lösung mit der schattenwerfenden Kugel erweist sich als eine äußerst raffinierte Angelegenheit.

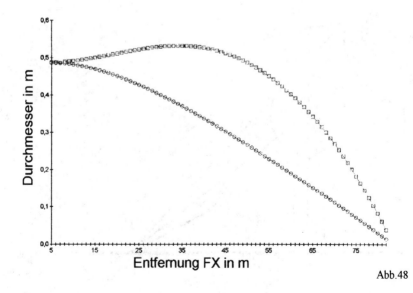

Abb.48

Dieses Ergebnis ist unabhängig von der Ortsbreite φ. Der Ort hat Einfluß nur auf die Entfernungen des Kugelschattens vom Fußpunkt des Meridians. Über das Jahr gesehen liegen diese für Rom in Nord-Süd-Richtung ungefähr im Bereich von 10 ... 70 m. Der Kugelschatten mit einem Durchmesser von einigen Dezimetern war also entlang einer solchen Mittagslinie stets gut sichtbar. Die Randunschärfe von einigen Zentimetern ist für diese Aussage ohne Belang.

Der Durchmesser des Schattens gibt auch eine Fehlertoleranz für alle folgenden Maßangaben, die *FX* betreffen. Insbesondere Zentimeterangaben haben hier nur einen eingeschränkten Aussagewert.

Die Ermittlung der Gnomonhöhe

Die Gnomonhöhe wird aus (F 75,2) ermittelt. Für die Rechnungen werden sowohl die Ortsbreite von Rom als auch die Schiefe benötigt. Als Ortsbreite für Rom soll der Tabellenwert $\varphi = 41°40' = 41,67°$ verwendet werden. Da hier aber die Kugel, welche den Obelisken krönt, der entscheidende schattenwerfende Gegenstand ist, wird zweckmäßigerweise die Ortsbreite um 0,25° bzw. 15' (für die halbe Sonnenscheibe) erhöht, um mit der bestmöglichen antiken Genauigkeit zu arbeiten (vgl. 4.5). Das führt nahezu exakt zu dem Wert, den *Buchner* als Breitengrad Roms ($\varphi = 41,9°$) gewählt hat und mit dem auch hier, um eine bessere Vergleichsmöglichkeit zu haben, gerechnet werden soll.

Als Schiefe werden eingesetzt der in der römischen Antike übliche Wert $\varepsilon_1 = 24°$ und als Vergleich dazu $\varepsilon_2 = 23,83°$, der den Berechnungen *Buchners* zugrunde liegt, und $\varepsilon_3 = 23,88°$, jenen Winkel, den *Buchner* in der Ara Pacis fand.

ε	l_1	l_2	z_1	z_2	FM
24°	150°	161°	30,17°	34,29°	30,82 m
23,83°	150°	161°	30,25°	34,34°	31,00 m
23,88°	150°	161°	30,22°	34,33°	30,86 m

Der flavische Gnomon hatte also eine Höhe von ca. 31 m. Da das Marsfeld zu jener Zeit ca. 1,60 m höher war als zur Zeit des Augustus und die Kugel einen Radius von 0,37 m hatte, ergibt sich eine lotrechte Gesamthöhe für

88

den Gnomon von fast 33 m. Vergleicht man damit *Buchners* angenommene Gnomonhöhe von 29,42 m, so erhält man einen Unterschied von über 3,5 m!

Wie war *Buchner* auf seinen Wert gekommen? *Buchner* ging davon aus, daß der Gnomon eine Höhe von genau 100 Fuß hatte und dabei der römische Fuß zu 29,42 cm verwendet wurde (*1982, S. 18*). Beide Setzungen sind willkürlich und lassen sich in keiner Weise, trotz *Buchners* gegenteiliger Beteuerung, belegen. Wenn er zunächst unter Verwendung seiner angenommenen Werte das Liniennetz berechnet, um dann zu behaupten, daß sich vom Liniennetz her ergebe, "daß der Gnomon tatsächlich 100 Fuß hoch war" (*1982, S. 18*), so ist dies das klassische Beispiel eines Circulus vitiosus.

Nimmt man jedoch die 100 Fuß als vorgegeben an, so wäre auch eine andere Konstellation denkbar. Anders als *Buchner* möchte ich für den Gnomon nicht die gesamte Höhe, also bis zum Kugelscheitel, sondern nur die wirkende Höhe bis Kugelmitte zu Grunde legen. Es ergibt sich so ein Wert von 32,60 m und für den Fuß eine Länge von 32,6 cm. Das ist der im Vergleich zum römischen nicht so verbreitete dorische Fuß. Bedenkt man aber, daß der Meridian und seine Inschrift griechischer Herkunft sind, ist ein solcher Fuß nicht ganz abwegig.

In jedem Fall zieht ein höherer Gnomon ganz andere Maße für den augusteischen Meridian nach sich als jene, welche *Buchner* bei seinen Berechnungen erhielt. Dabei ist vor allem die Frage von Interesse, inwieweit nun überhaupt noch der Kugelschatten zum Zeitpunkt des Äquinoktiums auf die von *Buchner* geforderte Äquinoktiallinie fällt.

Eine Nachberechnung des augusteischen Meridians

Die Entfernungen *FX* in Abb.49 wurden bestimmt unter Verwendung von

(F 88) $FX = FM \cdot \tan z(X)$,

was sich aus Abb.42 ableiten läßt. Gerechnet wurde nur noch mit $\varepsilon_2 = 23,83°$. Darin drückt sich keinerlei Bevorzugung aus, sondern es soll lediglich ein besserer Vergleich zu den Berechnungen *Buchners* ermöglicht werden, die auf dieser Schiefe basieren.

Die obere der beiden Zeichnungen geht von den Maßen *Buchners* aus. *J'* ist der von ihm angenommene Ort der Tierkreiszeichengrenze Widder/Jungfrau.

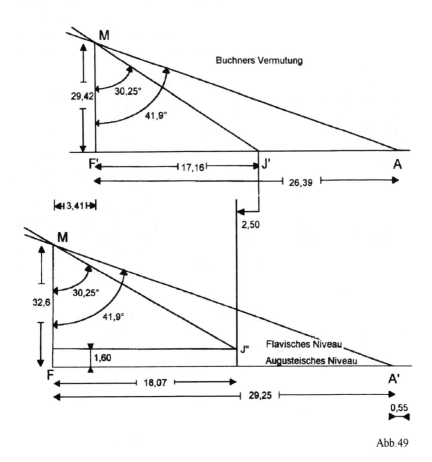

Abb.49

Als Gnomonlänge habe ich *Buchners* Wert von 29,42 m eingesetzt. Er erwartete also $J' = 17,16$ m vom Gnomonfuß entfernt. Die aufgefundene Grenze J'' wurde nun aber 2,50 m weiter südlich entdeckt (*1982, Abb.2 auf S. 64, J'* ist auf Abb.46 mit einem Kreuz markiert). Von diesem liegt der tatsächliche Fußpunkt F des flavischen Gnomons 18,07 m entfernt, was insgesamt eine südliche Verschiebung $F'F$ des Fußpunktes um 3,41 m ergibt.

Ursprünglich hatte *Buchner* angenommen, daß der augusteische Gnomon in flavischer Zeit nicht versetzt worden ist, sondern daß die alten Fundamente übernommen wurden und damit der Fußpunkt des Gnomons um 1,60 m tiefer lag. Nunmehr hat *Buchner* diese Ansicht revidiert und setzt den

Obelisken 3 m südlicher, ohne allerdings nachvollziehbare Gründe zu benennen (*1993-94, S. 83*). Bedenkt man den Aufwand, den eine solche Versetzung für die damaligen Zeit bedeutet hätte - *Fontana* beschreibt die in seiner Zeit entstandenen Probleme bei einer ähnlichen Aktion sehr anschaulich, ist eine neue Basislegung in einem Abstand von lediglich 3 m eher unwahrscheinlich. Deshalb soll mit einem unveränderten Fußpunkt weitergerechnet werden. Das ist in der unteren Zeichnung ausgedrückt. Dort wirft eine Kugel in einer Höhe von 32,6 m den Mittelpunkt ihres Äquinoktialschattens nach A'.

Es verbleibt ein Abstand zwischen A und A' von 0,55 m, ein Betrag, der teilweise in der Fehlertoleranz des Kugelschattens für diese Entfernung (ca. 0,5 m) untergeht. Auch ist zu berücksichtigen, daß die vermutete Äquinoktiallinie von *Buchner* nicht vermessen, sondern nur berechnet worden ist, daß *Buchner* für JJ' keine exakten Maße nennt (aufgrund seiner Zeichnung ist jeder Wert zwischen 2,40 m und 2,60 m möglich), daß der Gnomon vermutlich nicht exakt lotrecht stand und daß schließlich die Dicke der Schwemmlandschicht mit 1,60 m bis 1,70 m nur in etwa angegeben werden kann.

Diese Spannweite von Fehlermöglichkeiten läßt eine Korrektur in der Größenordnung von 0,6 m durchaus zu. Auch ein "dorischer" Gnomon würde demnach mit der von *Buchner* geforderten Äquinoktiallinie im Einklang stehen.

Neue Überlegungen

Zu der südlichen Abweichung des Punktes F' um ca. 3,40 m kommt den Ausgrabungen zufolge noch eine weitere um ca. 2,50 m nach Westen hinzu. Genau diese weist nämlich der gefundene Meridian gegenüber der ursprünglich angenommenen Lage auf. Beide Verschiebungen zusammen genommen verlegen den Mittelpunkt der Basis F' nach B und führen damit zu einem Ort, der *Buchners* Idee von einer Zusammengehörigkeit von Ara Pacis und Solarium in einem wesentlichen Gesichtspunkt unterstützt.

Voraussetzung dafür ist die Annahme *Buchner*, daß die Basis des Obelisken, deren Maße aus *Bandini* bekannt sind, nicht, wie dort dargelegt, nur um 15° aus der Nord-Süd-Richtung abweicht, sondern ebenso wie die Ara Pacis orientiert ist. Ihre Kanten müßten demnach mit dem Meridian einen Winkel von 18°37' einschließen (*1982, S. 45*).

Aus dieser Idee läßt sich ein überraschendes Ergebnis ableiten. Denn die Mittelpunktsvertikale der Ara Pacis geht jetzt fast genau durch *B* (Abb.50). Bei der Größe der Entfernungen auf dem Marsfeld ein bemerkenswertes Resultat.

Jetzt erhält erst die Behauptung *Buchners* einen Sinn, derzufolge auch das Mausoleum des Augustus mit dem Obelisken in Beziehung gebracht werden

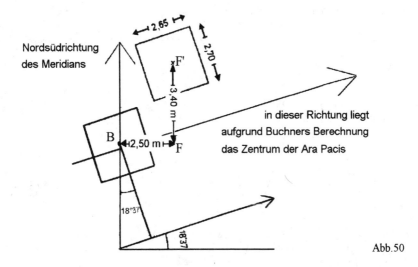

Abb.50

kann: Ara Pacis und Obelisk bilden mit dem Mausoleum die Ecken eines rechtwinkligen Dreiecks. Oder anders ausgedrückt: dort wo sich die Symmetrieachsen von Mausoleum (M) und Ara Pacis (AP) rechtwinklig schneiden, dort steht der Obelisk (Abb.51).

Neue Spekulationen tun sich auf, wenn man sich die Maße des rechtwinkligen Dreiecks betrachtet. Denn die Zahlen 9, 40 und 41 bilden ein pythagoreisches Zahlentripel, es gilt $9^2 + 40^2 = 41^2$. Die Frage, wie gut sich die tatsächlichen Längen in ein solches Dreieck einpassen lassen, kann allerdings nur eine genaue Messung beantworten. Aus dieser würde sich dann möglicherweise verifizieren lassen, ob Facundus tatsächlich mit einem Fuß von 28,52 cm oder aber von 32,60 cm gearbeitet hat.

In diesem Zusammenhang ist interessant, daß die Verflechtung zwischen Ara Pacis und Mausoleum zukünftig stärker sichtbar werden soll. Der amerikanische Architekt Richard Meier hat den Auftrag erhalten, beide als Gesamtanlage neu zu gestalten. Die Vollendung ist, bei einem Kostenrahmen von 21 Mio. DM, vor dem Heiligen Jahr 2000 geplant. Leitidee dieses postmodernen Projekts ist die Anbindung der Kultstätten ans Zentrum der Altstadt von Rom sowie die Öffnung zum Tiber. Es ist also keine historische Rekonstruktion. Zu ihr hätte es gehört, den Obelisken mit einzubinden, ein nunmehr allerdings unmögliches Unterfangen, denn sein ursprünglicher Standort ist heute eng bebaut.

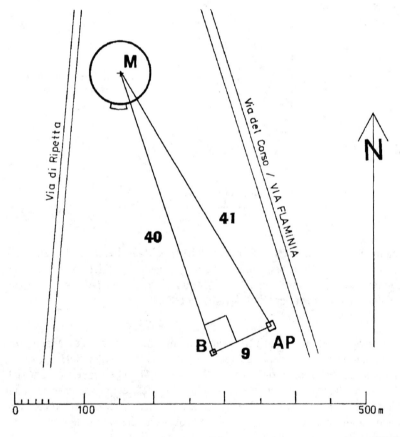

Abb.51

Zusammenfassung

Laut *Buchner* erbrachten die Ausgrabungen auf dem Marsfeld nicht nur den endgültigen Beweis für die Existenz einer Sonnenuhr, sondern auch die volle Bestätigung all seiner Berechnungen über das Solarium Augusti, also auch über die Höhe und den ursprünglichen Standort des Obelisken. Tatsächlich - und alles andere wäre bei der dürftigen Beweislage vor Beginn der Ausgrabungen wirklich phantastisch gewesen - kann eine Nachrechnung anhand des Fundes keine seiner exakten Zahlenangaben wirklich stützen. Darüber hinaus fand sich weder eine Sonnenuhr, noch konnte, zumindest für die von *Buchner* angegebene Kugel, deren Kernschatten die Ara Pacis wirklich erreichen. Auch seine neuen Vermutungen über das Solarium erscheinen nicht ausreichend begründet.

Es bleibt, daß *Buchner* in einer wesentlichen Aussage nicht gänzlich widerlegt werden kann: Die Berechnungen lassen einen Zusammenhang zwischen Obelisken, Ara Pacis und Mausoleum als möglich erscheinen.

E. Buchner, Die Sonnenuhr des Augustus, Mainz 1982. — M. Schütz, Zur Sonnenuhr des Augustus auf dem Marsfeld, in: Gymnasium 97(1990), S. 432-457. — A. M. Bandini, De obelisco Caesaris Augusti e Campi Martii ruderibus nuper eruto, Roma 1750. — E. Buchner, Neues zur Sonnenuhr des Augustus, in: Nürnberger Blätter zur Archäologie 10 (1993-94), S. 77-84. — A. Guerbabi, Chronométrie et architecture antiques: le gnomon du forum de Thamugadi, in: L'Africa romana. Atti del X Convegno di Studio Sassari (Sassari 1994), Bd.1, S.359-402. — T. Barton, Augustus and Capricorn: astrological polyvalency and imperial rhetoric, in: The Journal of Roman Studies 85(1995), S. 33-51. — D. Fontana, Della Trasportatione dell'Obelisca Vaticano et delle Fabriche di nostro Signore Papa Sisto V., Roma 1590.

5.3 Die Hohlkugelsonnenuhr in Neuss

Vorbemerkungen

Novaesium, das antike Neuss, beherbergte bis gegen Ende des ersten Jahrhunderts eine Legion und war seit 43 n. Chr. von einer Steinmauer umgeben. Fast 12 000 Menschen sollen in jenen Tagen dort gelebt haben, hatten ein Amphitheater und auch sonst alle Annehmlichkeiten, die ein Lagerleben attraktiv machten. Im 2. und 3. Jh. wurden Regiment und Kastell stark verkleinert und entfalteten keine Wirkung mehr.

Die Sonnenuhr war in zwei Teile zerbrochen, als sie, etwas außerhalb des ehemaligen Lagers, 1957 bei Bauarbeiten an der Straße nach Köln gefunden wurde. Aufgrund der historischen Gegebenheiten und der Fundsituation ist ihre Entstehung im ersten Jahrhundert zu vermuten.

Die Uhr, die sich heute im Clemens-Sels-Museum Neuss befindet, ist im Verzeichnis von *Gibbs* nicht aufgeführt. Sie ist abgebildet bei *Chantraine (S. 141)*, *Schumacher (S. 116)* und *Rieche/Scheidt (S. 6)*. Erwähnt und kurz beschrieben wurde sie erstmals von *Petrikovits (S. 120)*. *Schumacher* kommt aufgrund einer leider nicht näher mitgeteilten Messung zu dem Ergebnis, sie sei für $\varphi = 44,2°$ ausgelegt, aber sicherlich nicht für einen Ort wie Neuss, der 7° nördlicher liegt.

Es handelt sich um den sehr seltenen Fund einer hohlkugelförmigen Sonnenuhr, welche nicht entsprechend der Ortsbreite abgeschnitten ist, sondern noch jene ursprüngliche Form aufweist, wie sie in Kapitel 2.1 dem Berossos zugeschrieben wurde. Von diesem Typ ist bislang nur der Cannstädter Fund bekannt geworden (*Gibbs 1067*), doch ist die Neusser Uhr besser erhalten.

Die Seltenheit dieses Typs erklärt sich damit, daß man sehr nahe herantreten muß, um die Zeit ablesen zu können. Bei diesem Objekt kommt noch die geringe Größe hinzu, so daß sie wohl nicht für einen öffentlichen Gebrauch gedacht war, sondern es sich eher um eine Arbeit für einen privaten Käufer handelte, der sie als häuslichen Schmuck verwenden wollte.

Der Fund

Die Sonnenuhr besteht aus Kalkstein und ist ungefähr 43 cm lang, 30 cm breit und 13 cm hoch (Abb.52). In diese Platte hineingearbeitet wurde die hohlkugelförmige Schattenfläche. Vermutlich im tiefsten Punkt der Schale war einst der Gnomon befestigt. Man kann dort ein Ausbruchsloch von ca. 7 cm Durchmesser feststellen. Es ist anzunehmen, daß das Loch bereits beim Anbohren des spröden Steins verursacht worden ist, denn "unter dem tiefsten Punkt der Hohlkugelfläche blieb ... noch 2 cm Stein als Bodendicke übrig, ein Umstand, der beim Arbeiten bereits große Sorgfalt erforderte und eine Schwachstelle der Festigkeit bedeutete" *(Schumacher, S. 115)*. Beim Wegwerfen ist die Uhr dann vermutlich auseinander gebrochen.

Die Schattenfläche weist 11 Stundenlinien auf, die aus dem Boden bis zum oberen Rand der Schale führen. Die mittlere der 11 Stundenlinien, der Meridiankreis, schneidet die Datumslinien senkrecht. Es sind, was außergewöhnlich ist, im ganzen sieben Tageslinien, die allerdings nicht immer einen konstanten Abstand voneinander halten, wie es für eine exakte Datumsanzeige wünschenswert wäre, ein Manko, allerdings weniger infolge einer mangelhaften Konstruktion verursacht, sondern eher aufgrund des geringen Durchmessers der Schale. Er nämlich wird den Steinmetzen bei der Handhabung und der Führung der Werkzeuge erheblich behindert haben.

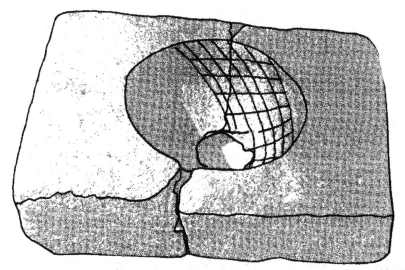

Abb.52

Laut *Schumacher* trägt der Stein keine Bezifferung oder Beschriftung. *Petrikovits* jedoch hatte noch am Rand aufgemalte Erklärungen gefunden, die aber inzwischen verschwunden sind.

Der Fußpunkt F des Gnomons liegt, ebenso übrigens wie S, im Loch, kann also nicht genau bestimmt werden. Daß er deswegen im Meßdiagramm an den Beckenrand verlegt wurde, hat allerdings noch einen weiteren Grund. Anders als hier gibt es bei der üblichen hohlkugeligen Form, welche Vitruv als "Hemicyclium excavatum ex quadrato ad enclimaque succisum" bezeichnete, keinen tiefsten Punkt, in dem der Zeiger vertikal befestigt werden kann. Man löste das Problem durch die Einführung einer horizontalen Stellung für den Schattenstab (vgl. 2.1). Der Gnomon steht dabei immer noch senkrecht zur Befestigungsfläche, nur liegt jetzt sein Fußpunkt F am oberen Rand der Kugelschale. Davon soll ausgegangen werden. Das ist die Grundlage für die nachfolgenden allgemeinen Formeln und auch für die Berechnungen in unserem besonderen Fall. Dabei ist es einerlei, ob sich F für diese Uhr tatsächlich am Rand der Schale befunden hat oder nicht. Auf die Ergebnisse hat dies keinen Einfluß.

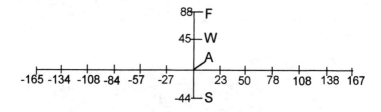

Die Berechnungen

Zunächst ist festzustellen, ob die Neusser Uhr tatsächlich eine Hohlkugel-sonnenuhr mit mittiger Gnomonspitze ist. Dies ist im allgemeinen dann zu erwarten, wenn AW ungefähr genauso lang ist wie AS und die Stundenlinien in einem nahezu gleichbleibenden Abstand voneinander verlaufen. Von kleinen Fehlern abgesehen, ist dies hier tatsächlich der Fall.

Jetzt ist der Radius R der Hohlkugel zu ermitteln, mathematisch gesehen ein einfaches Problem. Tatsächlich jedoch kann man feststellen: Einen bestimmten Radius der Hohlkugel gibt es gar nicht, wohl aber verschiedene Radien, entsprechend den verschiedenen Krümmungen, die der Hohlraum aufweist. Der Begriff Hohlkugelsonnenuhr idealisiert die Schale und birgt die Gefahr, bei einer unreflektierten Verwendung zu falschen Ergebnissen hinsichtlich der Ortsbreitebestimmung zu führen.

In diesem Fall bietet es sich für die Radienbestimmung an, vom Durchmesser des Schalenrands die Hälfte zu nehmen (vgl. Abb.53). *Schumacher* maß $R = 115$ mm. *Scheidt* nannte mir einen Wert von 102,5 mm.

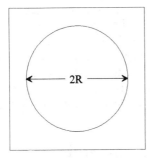

Abb.53

Bei den abgeschnittenen Hohlkugeln ist ein solches Vorgehen jedoch nicht möglich. Man könnte sich dann mit zwei Stricknadeln bekannter Länge behelfen, bei denen die Mitte markiert ist. Legt man sie, wie in Abb.54 geschehen, überkreuz in eine beliebige Rundung der Schale, so läßt sich der Krümmungsradius, allerdings nur an der vermessenen Stelle, berechnen. Es ist dann, bei einer Nadellänge von $2 \cdot L$, $R = D/2 + L^2/(2 \cdot D)$. Für einigermaßen verläßliche Ergebnisse sollte L nicht zu klein sein, damit D nicht zu klein und die Meßunsicherheit nicht zu groß wird.

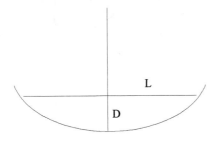

Abb.54

98

Idealerweise müßten die Radien des Äquinoktialkreises und des Meridiankreises mit dem Radius der Hohlkugel identisch sein. Den Meridianradius erhält man aus $R_m = 7{,}5 \cdot \widehat{WA}/\pi$. Setzt man aus dem Meßdiagramm in die Formel ein, ergibt sich $R_m = 7{,}5 \cdot 45$ mm $/ 3{,}1415 = 107{,}5$ mm. Zur Bestimmung des Äquinoktialradius geht man von der Äquinoktiallinie aus. Sind nur einige Stundenbögen vorhanden, extrapoliert man auf ganzen Halbkreis. Ist d die Länge des äquinoktialen Halbkreises, ergibt sich $d = \pi \cdot R_a$. Für die Neusser Uhr errechnet sich $R_a = 332$ mm $/ 3{,}1415 = 106$ mm.

Im günstigsten Fall sind alle ermittelten Radien bei einer Rundung auf ganze Millimeter gleich, was allerdings bei den von mir vermessenen Fundstücken noch nie der Fall war. Nur selten habe ich wenigstens in einem kleinen Bereich eine einheitliche Krümmung nachweisen können, so daß die Zuordnung eines einzigen Radiuswertes für jede dieser Linien an sich schon problematisch ist. Die Meßtoleranz ist also hier besonders zu beachten. Für die Neusser Uhr liegen die drei Radien um 105 mm. Mit diesem Wert soll weiter gerechnet werden.

Die Ortsbreite ermittelt man aus $\widehat{FA} / (90° - \varphi) = \widehat{WS} / 48°$ (Abb.55). Die Umformung führt zu

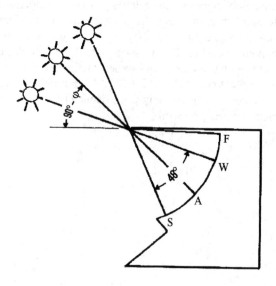

Abb.55

(F 99,1) $\varphi = 90° - 48° \cdot \widehat{FA} / \widehat{WS}$

Es ergibt sich hier

$\widehat{FA}$ in mm	$\widehat{WS}$ in mm	$\widehat{FA}/\widehat{WS}$	φ
87	87	1	42,0°
88	**89**	**0,99**	**42,5°**
89	91	0,98	43,0°

Die Uhr ist demnach für eine Ortsbreite von ca. 42° bis 43° geschaffen worden, ein Wert, der dem von Rom bzw. von Italiae ganz gut entspricht. Möglicherweise wurde die Uhr nach einem Bauplan konstruiert, ohne die Ortsbreite von Neuss in die Fertigung mit einzuarbeiten.

Wie sieht es mit die Genauigkeit der Zeitanzeige aus? In Neuss wird die Schattenspitze, wenn die Sonne im Äquinoktium steht, die Äquinoktiallinie nicht treffen. Angenommen, sie sei an einem Ort aufgestellt, wo dies der Fall ist. Dann bestimmt man die zu den Stundenmarkierungen auf der Äquinoktiallinie gehörenden Winkel $t'(n)$ aus

(F 99,2) $t'(n) = 57,3° \cdot A(n) / R$,

wobei 57,3° für 180°/π gesetzt wurde. Für $R = 105$ mm erhält man:

n	0	1	2	3	4	5	6	7	8	9	10	11	12
$A(n)$ in mm	-165	-134	-108	-84	-57	-27	0	23	50	78	108	138	167
$t'(n)$ in °	-90	-73,1	-58,9	-45,8	-31,1	-14,7	0	12,5	27,3	42,6	58,9	75,3	91,1
$t(n)$ in °	-90	-75	-60	-45	-30	-15	0	15	30	45	60	75	90
Zeitdif in min	0	8	4	-3	-4	1	0	-10	-11	-10	-4	1	5

Der Zeitfehler liegt demnach weitgehend im Zehnminutenbereich. Das ist ein ganz passables Ergebnis, das auch durch mögliche Meßfehler nicht wesentlich eingeschränkt wird:

Zeitdif in min / n	0	1	2	3	4	5	6	7	8	9	10	11	12
für $A(n)$+1 mm	2	10	6	-1	-2	3	2	-8	-9	-8	-2	3	7
für $A(n)$−1 mm	-2	5	2	-6	-7	-1	-2	-12	-13	-12	-6	-1	2
für $A(n)$+1 und R−2 mm	-5	4	2	-5	-5	2	2	-7	-7	-4	3	9	14
für $A(n)$−1 und R+2 mm	4	11	7	-2	-4	0	-2	-13	-15	-15	-11	-7	-4

Dieser Typ ist also sehr fehlertolerant, und er läßt auch eine "Ortsbreiten-differenzkompensation" zu, wie sie *Scheidt* in einer persönlichen Mitteilung für die Neusser Uhr vorgeschlagen hat (Abb.56). Ausgehend von der Frage, wie man die Uhr an einem Ort mit der Ortsbreite von Novaesium aufstellen müßte, damit sie auch dort einigermaßen genau die Tageszeit anzuzeigen vermag, erreicht man durch diese Lösung, daß sich die Schattenspitze nunmehr ganzjährig innerhalb der Datumslinien bewegt. Fehler entstehen bei dieser Stellung vorwiegend deshalb, weil die obere Fläche des Uhrenkörpers nicht in der Horizontalen liegt.

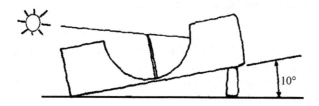

Abb.56

Zusammenfassung

Im Neusser Fund sieht man den äußerst seltenen Urtyp antiker Sonnenuhren verwirklicht. Er war weniger für einen Ort wie Neuss als vielmehr für einen südlicher gelegenen Ort geeignet. Dort lieferte die Uhr eine gute Zeitangabe.

H. v. Petrikovits, Novaesium - Das römische Neuss, Graz 1957. — H. Chantraine u.a., Das römische Neuss (hrsg. v. d. Stadt Neuss), Stuttgart 1984. — H. Schumacher, Die römische Sonnenuhr in Neuss am Rhein, in: Schriften der Freunde alter Uhren XXIV (1985), S. 115-121. — A. Rieche/W. R. Scheidt, Solarium Horologium (Bausatz "Sonnenuhren der Antike" mit Begleittext), Aachen 1991.

5.4 Das Berliner Hemicyclium

Vorbemerkungen

Den Begriff Hemicyclium verwendete Faventinus, als er eine Sonnenuhr beschrieb, welche möglicherweise mit diesem Typ identifiziert werden kann, nämlich eine hohlkugelförmige Sonnenuhr, bei der die Gnomonspitze durch ein Loch im Zenit des Kugelmantels ersetzt ist. Es entsteht dann auf der Schattenfläche ein kleines helles Sonnenbildchen, dessen Ort die jeweilige Stunde anzeigt.

Eine zweifelsfreie antike Bezeichnung ist nicht überliefert. *Woepcke* sah in der Uhr das Vitruvsche Antiboreum, *Diels* die Arachne des Eudoxos, und auch der Bezeichnung des Cetius Faventinus darf man keine allzu große Bedeutung beimessen. Hemicyclium scheint bei ihm jede hohlkugelige Sonnenuhr zu heißen, unabhängig davon, welche Art von Stundenlinien oder welchen Schattenwerfer sie trägt (vgl. 3.4).

Ursprünglich aus Griechenland stammend, erforderte dieser aufgrund seines "Daches" sehr wetterrobuste Uhrentyp sowohl in seiner Konstruktion als auch in seiner Anfertigung besonderes Geschick. Jedes der erhaltenen Exemplare ist deshalb bemerkenswert und ebenso, wie viele sich erhalten haben, bedenkt man die handwerklichen Mühen in der Herstellung (vgl. 3.4).

Die Uhr befindet sich in der Antikensammlung der Staatlichen Museen zu Berlin und ist inventarisiert unter Nr. SK 1049. Sie ist mehrmals beschrieben und vermessen worden, wobei vor allem *Woepcke, Drecker* und *Gibbs* zu nennen sind. Es ist das einzige Original dieses Typs nördlich der Alpen.

Woepcke hatte in seiner Dissertation die Uhr fälschlicherweise so positioniert, daß das Loch in der Vertikalen lag, und angenommen, daß es sich um einen Zeitmesser für äquinoktiale Stunden handeln würde.

Nach einer Richtigstellung der Fehler wurde die Uhr von *Drecker* einer erneuten Berechnung unterzogen. Er findet für sie eine geographische Breite von ca. 42° (Rom), während *Gibbs* einen Wert von 39° berechnet (Sizilien). Von *Conze* stammt der Hinweis, die Uhr sei "wahrscheinlich 1841 durch Gerhard in Rom" erworben worden. Später gibt er im Herkunftsregister "Italien" an..

Aufgrund einer Fehleranalyse kommt *Drecker* zu dem Schluß: "Im ganzen muß man die Uhr als ein nicht gut gelungenes Werk eines Mannes ansehen, der der für die damalige Zeit schwierigen Aufgabe nicht gewachsen war."

Heute wäre man mit solchen Aussagen vorsichtiger, zumal *Drecker* für seine mathematische Analyse vom Idealfall einer Hohlkugel ausgegangen war. Die Größe der Abweichungen vom Ideal jedoch sind von Exemplar zu Exemplar verschieden. Deshalb ist es durchaus möglich, daß die alten Meister in diesem Fall ein Konstruktionsverfahren verwendet haben, das es erlaubte, diese Abweichungen zu ignorieren (vgl. 4.6). Zu berücksichtigen sind auch die Fehler beim Vermessen der Anzeigefläche.

Das führt zu Unsicherheiten bei den Ortsbreitezuweisungen für einzelne Sonnenuhren mit Lochgnomon, die zum Teil beträchtlich sind, wie die nachfolgende Tabelle verdeutlicht. Unter "Ortsbreite nach Gibbs" angegeben sind die Spannweiten der verschiedenen Resultate, die Gibbs aufgrund unterschiedlicher Meßwerterhebungen erhielt, sowie (in Klammern) ihre Anzahl.

Sonnenuhr-Nr. nach Gibbs	Fundort	Ortsbreite nach Gibbs	Sonnenuhr-Nr. nach Gibbs	Fundort (heutiger Standort)	Ortsbreite nach Gibbs
2.001	Altino	41°- 46° (4)	2.002	Aquileia	40°- 47° (4)
2.003	Aquileia	40°- 42° (2)	2.004	Aquileia	42° - 50° (2)
2.005	Aquileia	48° - 49° (2)	2.006	Aquileia	40° - 47° (4)
2.007	Aquileia	47° - 48° (2)	2.008	Aquileia	---
2.009	Aquileia	---	2.010	Aquileia	---
2.011	Aquileia	---	2.012	Pula	45° - 64° (3)
2.013	Pula	42° - 49° (6)	2.014	Triest	43° - 49° (3)
2.015	Triest	37° - 47° (6)	2.016	Split	42°-49° (6)
2.017	Volterra	43° (1)	2.018	Bologna	44° - 46° (3)
2.019	Pompeii	50° - 53° (3)	2.020	Belo (Madrid)	---
2.021	? (Rom)	41° (1)	2.022	Rom	---
2.023	? (Berlin)	39° (1)			

Angesichts dieser enormen Unterschiede und auch der Abweichungen in der Ortsbreitezuweisung für die Berliner Uhr bei *Drecker* und bei *Gibbs* erhebt sich die Frage, inwieweit *Dreckers* abfällige Beurteilung der Uhr wirklich angemessen ist.

Der Fund

Die Schattenfläche der Uhr ist in einen Marmorblock von ca. 50 cm Höhe, mit einer Deckfläche von 42 cm Breite und 48 cm Tiefe hineingearbeitet worden (Abb.57). Die kreisförmige Öffnung der Vorderseite ist von einer Kreislinie im Abstand von 16 mm umgeben und abgeschrägt, so daß die Basisfläche nur eine Tiefe von 23 cm aufweist. Die kreisförmige Öffnung im Zenit der Kugel mit einer Weite von über 16 mm wird von zwei kleinen Löchern flankiert, vermutlich Befestigungslöcher für eine Lochplatte, um das durchfallende Licht stärker zu bündeln.

In der Höhlung der Kugel sind drei Datumskurven und 11 Stundenlinien zu erkennen, und dazu sieben etwas schwächere Linien. Es sieht so aus, also ob die Uhr zunächst für eine andere Ortsbreite gedacht war. Die erste Bearbeitung wurde abgebrochen und die Schattenfläche für eine andere Ortsbreite umgearbeitet. Dafür spricht auch, daß die Sommersolstitiallinie nicht vollständig, wie bei den anderen Uhren dieses Typs, innerhalb der

Abb.57

104

Höhlung verläuft, sondern im Bereich der fünften und der siebten Stunde auf den Rand zugeht, um dort zu enden.

Die dritte, sechste und neunte Stundenlinie ist jeweils durch ein kleines Kreuz gekennzeichnet, gleichsam um diese besonders hervorzuheben. Ein X markiert auch den Schnittpunkt von Meridian und Äquinoktiallinie. Die Kreuze lassen ein vom Christentum beeinflußtes spätrömisches Exemplar vermuten. Zwei vierzehige Löwentatzen dekorieren die Basis, zwei fünfstrahlige rosenblättrige Rosetten die oberen Ecken der Frontseite.

Da F, die vermutliche Mitte des Lochgnomons nur sehr ungefähr bestimmt werden kann, ist der entsprechende Meßwert im Meßdiagramm ebenso eingeklammert wie jener für S. Dort konnte nur bis zum Rand der Kugelschale gemessen werden, obwohl der Verlauf der Sommersolstitiallinie einen etwas größeren Wert nahelegt. Die Linien der ursprünglichen Bearbeitung wurden nicht berücksichtigt.

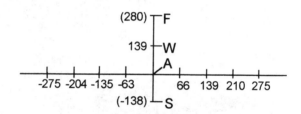

Die Berechnungen

Abb.58 zeigt den Meridianschnitt der Uhr. F steht für den Lochgnomon im Zenit der Hohlkugel, W für den Ort des Sonnenbildchens zum Windersolstitium, A zum Äquinoktium und S zum Sommersolstitium. Die Tageskurven, die bei dieser Abbildung entstehen, sind im allgemeinen keine Kreise. Es sind die Schnittlinien des Strahlenkegels mit der Kugel. Nur zum Zeitpunkt der Äquinoktien entsteht wieder ein Kreis, der den Radius r hat. Der Radius der Hohlkugel soll mit R bezeichnet werden. F markiert den Sonnenaufgangs- bzw. Sonnenuntergangspunkt jeder Tageskurve.

Aus Abb.58 ergibt sich für die Ortsbreite der Hohlkugel $\cos \varphi = r/R$ bzw.

(F 104) $\varphi = \arccos(r/R)$.

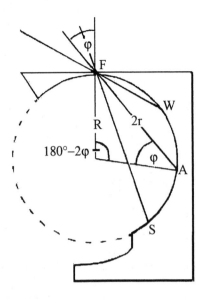

Abb. 58

Für den Kugelradius R liefert der Meridian die Formel

(F 105) $R = 3{,}75 \cdot \overset{\frown}{WA} / \pi = 3{,}75 \cdot \overset{\frown}{AS} / \pi = 7{,}5 \cdot \overset{\frown}{SW} / \pi.$

Da S nicht genau bestimmt werden konnte, soll nur mit $\overset{\frown}{WA}$ gerechnet werden. Dann ist $R = 3{,}75 \cdot 44$ mm $= 166$ mm.

Zur Bestimmung des Äquinoktialradius r ist es günstiger, nicht vom Meßdiagramm, sondern von einer direkten Messung auszugehen. Zum Beispiel kann man die Schnittpunkte des Äquinoktialkreises mit der dritten sowie mit der neunten Stundenlinie direkt verbinden. Die halbe Entfernung ist der gesuchte Radius. $r = 125$ mm ist der gemessene Wert für die Berliner Uhr.

Wie genau sind diese Werte? Abgesehen von unweigerlichen Meßfehlern zeigt eine genauere Untersuchung der Schattenfläche, daß $R = 166$ mm eher für den unteren Bereich der Kugel gilt und dort vorwiegend im Meridianbereich anzutreffen ist. Mit Hilfe der bereits in 5.3 dargestellten Stricknadelmethode ergeben sich Radien von teilweise über 175 mm.

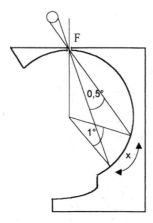

Abb.59

Auch die Kontrolle der Äquinoktiallinie führt auf keinen exakten Kreis, sondern eher auf eine Ellipse. Ursache dafür sind die Schwankungen in der Kugelkrümmung, aber auch Mängel in der Konstruktion. Abweichungen von maximal 2 mm, die dabei festgestellt werden konnten, sind jedoch gering, wenn man die Genauigkeit berücksichtigt, die dieser Typ von Uhr überhaupt zuläßt.

Aufgrund des Lochgnomons wirft die Uhr stets ein Bild der Sonne. Es ist dasselbe Prinzip, auf welchem auch die Camera obscura beruht. Von der Erde aus erscheint die Sonne unter dem Sehwinkel von 0,5°. Nach dem mathematischen Lehrsatz, daß jeder Winkel am Kreis halb so groß ist wie der zum gleichen Kreisbogen gehörende Mittelpunktswinkel, muß letzterer dann 1° groß sein (Abb.59). Das Bild der Sonne auf einer Kugel mit dem Radius R hat danach eine Breite in der Größenordnung von $x = R \cdot \pi / 180$, welcher nicht weiter verkleinert werden kann. Für die Berliner Uhr ergibt sich ein Wert von ca. 3 mm.

In der folgenden Kalkulationstabelle wurde der vorwiegend im bedeutsamen Meridianbereich gefundene Wert für R beibehalten. Dabei zeigt sich, daß die von *Drecker* berechnete Ortsbreite im ermittelten Fehlerintervall liegt. *Gibbs* hingegen hatte r aus den zum Teil ungenauen Unterteilungen $A(n)$ des Äquinoktialkreises berechnet, weswegen ihr Wert für r etwas zu hoch ausgefallen ist.

	r in mm	R in mm	r/R	φ in °
untere Grenze	124	167	0,74	42,05
Mittelwert	**125**	**166**	**0,75**	**41,14**
obere Grenze	126	165	0,76	40,21
Gibbs Werte	130	168	0,77	39,3
Dreckers Werte	124	166	0,75	41,67

Eine Bestätigung des Ergebnisses liefert eine weitere Beziehung. Mit ihr läßt sich φ ohne Zuhilfenahme von r bestimmen, benötigt statt dessen jedoch den Punkt F, welcher bei diesem Typ infolge von Beschädigungen am Lochgnomon im allgemeinen nicht genau bestimmt werden kann. Das Fehlerintervall muß deshalb hier größer gewählt werden.

Aus Abb.58 folgt $\pi \cdot R/180° = \overset{\frown}{FA}/(180°-2\cdot\varphi)$ und

(F 107,1) $\quad \varphi = 90° \cdot (1 - \overset{\frown}{FA} / (\pi \cdot R))$

bzw. für das Berliner Exemplar

R in mm	$\overset{\frown}{FA}$ in mm	$1 - \overset{\frown}{FA}/(\pi \cdot R)$	φ in °
165	283	0,45	40,86
166	279	0,47	41,85
167	275	0,48	42,82

Zusammenfassend kann damit festgestellt werden, daß die Uhr für einen Breitengrad von ca. 41,5° gefertigt worden ist, was auf eine Herkunft aus Rom schließen läßt.

Bei der Bestimmung der Güte ist die Kenntnis der Ortsbreite ohne Bedeutung. Die Zeit zur entsprechenden Bogenlänge ergibt sich allein aus

(F 107,2) $\quad t'(n) = 90° \cdot A(n) / (\pi \cdot r)$

In der abschließenden Tabelle sind die Ergebnisse von *Drecker* des besseren Vergleichs wegen in Klammern dazugesetzt. Da *Drecker* nur Sehnen gemessen hatte, wurden seine Werte in die entsprechenden Bogenlängen $A(n)$ umgerechnet. Es zeigt sich, daß der Ablesefehler der Uhr kleiner ist als von

Drecker berechnet. Bedenkt man die Krümmungsunterschiede und den immanenten Fehler von 1° bzw. 2 min, ergibt sich eine für römische Verhältnisse ganz akzeptable Genauigkeit.

n	2	3	4	5	6	7	8	9	10
$A(n)$ in mm	-275 (-279)	-204 (-210)	-135 (-139)	-63 (-67)	0	66 (67)	139 (139)	210 (210)	275 (274)
$t'(n)$ in °	-63,1 (-64,5)	-46,8 (-48,5)	-30,9 (-32,1)	-14,4 (-15,5)	0	15,1 (15,5)	31,9 (32,1)	48,1 (48,5)	63,1 (63,3)
$t(n)$ in °	-60	-45	-30	-15	0	15	30	45	60
Zeitdif in min	-12 (-18)	-7 (-14)	-4 (-8)	-2 (-2)	0	1 (2)	7 (8)	13 (14)	12 (13)

Zusammenfassung

Das Berliner Hemicyclium ist vermutlich für Rom gefertigt worden. Es ist das einzige Original dieses Typs nördlich der Alpen. Die Kritik von *Drecker* an der Steinmetzarbeit ist nur zum Teil berechtigt, denn die Fehler sind nur geringfügig. Bedenkt man überdies die handwerklichen Probleme bei der Ausführung, so sind die existierenden Exemplare dieses Sonnenuhrentyps in jedem Fall bemerkenswerte Zeugnisse römischer Steinmetztechnik.

> *F. Woepcke, Disquisitiones archaeologico-mathematicae circa solaria veterum, Berlin 1847. — A. Conze, Königliche Museen in Berlin, Beschreibung der Antiken Skulpturen mit Ausschluß der Pergaminischen Fundstücke, Berlin 1891, S. 417.*

5.5 Die Kegelsonnenuhr im Museum für Technikgeschichte in Kassel

Vorbemerkungen

Von den Sonnenuhren, deren Uhrfläche Teil des Mantels eines Hohlkegels ist, weist *Gibbs* 109 Exemplare nach, das ist die größte Anzahl eines Typs.

Wie bei den Hohlkugelsonnenuhren sind die Tageskurven Kreisbögen, die jeweils in 12 Teile zu teilen sind. Die Stundenlinien, die dabei entstehen, sind - mathematisch betrachtet - nahezu Strecken, doch nur die Mittagslinie schneidet die Tagbögen senkrecht.

Das Stück Kegelfläche unter dem Kreis der Sommerwende fehlt in fast allen gefundenen Exemplaren, so daß der vordere Ausschnitt kreisförmig ist. Möglicherweise rührt der Begriff Hemicyclium für diese Uhr, wie man ihn gelegentlich in der Literatur findet, von diesem Umstand.

Michel bezeichnet die Kasseler Uhr als Heliotropion, was so viel bedeutet wie Sonnenwend-Anzeiger, ein Name, der für alle Sonnenuhren mit Datums-linien passend wäre, als nähere Beschreibung für diese Uhr also nicht viel taugt (vgl. 2.3). Bei der Erläuterung zur dortigen Abbildung ist überdies die Rede von einem Kugelsegment und einer Skaphe, also fälschlicherweise von einer Hohlkugeluhr. Man kann aber die Kegeluhr von dieser sofort dadurch unterscheiden, daß bei ihr *WA* ungleich *AS* ist.

Die Öffnungswinkel der Kegel bei den vorgefundenen Exemplaren sind verschieden und reichen nach den Ergebnissen von *Gibbs* von $10°$ bis knapp über $50°$. Die Spitze des Kegels liegt in fast allen Fällen über der Horizontfläche, der Kegel erweitert sich also unten hin.

Das gilt auch für die Sonnenuhr, welche der naturwissenschaftlich-technischen Sammlung in der Kasseler Orangerie angehört und die dem Mu-seum von Landgraf Philipp von Hessen geschenkt worden ist, "zur Erin-nerung an die Verdienste seiner Vorfahren an die astronomische Forschung" (*Hüttig, Fußnote S. 64*).

Der Fundort der kleinen marmornen Uhr ist unbekannt. *Hüttig* vermutet aufgrund seiner Messungen ihre Herkunft aus Sizilien. Auch ihr Alter ist bislang nur vage bestimmt. *Michel* ordnet sie der frührömischen Kaiserzeit zu, was man als 1. Jh. nach Chr. interpretieren kann (*Gibbs 3101*).

Der Fund

Der eigentliche Uhrenkörper ruht auf einem Sockel, welcher von zwei vierzehigen Löwentatzen flankiert wird. Die Gesamthöhe beträgt 24 cm, die Breite 25 cm, die Tiefe 15 cm. Die mittig entlang der Meridianlinie ausei-nander gebrochene, marmorne Uhr ist wieder zusammengefügt.

110

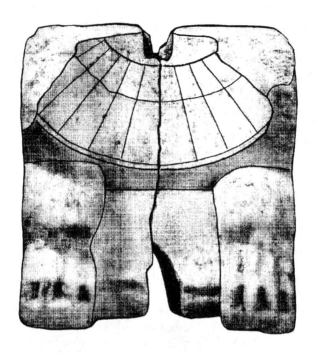

Abb.60

Der ursprüngliche Gnomon fehlt. Er ist durch einen neuzeitlichen Messinggnomon ersetzt, der, wie bei diesem Typ üblich, in der Horizontalen befestigt wurde, um den Ablesebereich frei von Eingriffen zu halten. Sein Fuß wird noch von dem ursprünglichen, rechteckig ausgeformten Loch gehalten.

Auf der Schattenfläche zu erkennen sind die drei kardinalen Datumslinien, aber nur acht vollständig erhaltene Stundenlinien. Das ist auch der Grund für das Fehlen von Maßangaben im Meßdiagramm.

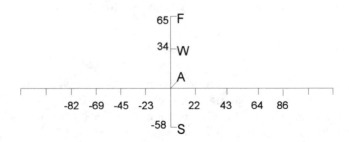

Die Berechnungen

Die hier verwendeten Formeln gelten für eine Kegeluhr, bei der die Gnomonspitze genau in der Kegelachse liegt. Bei einer solchen Uhr bildet die Äquinoktiallinie ganz so wie auf einer Hohlkugelsonnenuhr einen gleichmäßig unterteilten Halbkreis. Bei einer nicht in der Achse liegenden Gnomonspitze würden die Stundenanschnitte nach dem Kegelrand hin gleichmäßig zu oder abnehmen. Das ist beim Kasseler Exemplar, von geringfügigen, zufälligen Abweichungen abgesehen, nicht der Fall, so daß man von einer "idealen" Gnomonlage ausgehen kann.

Abb.61 gibt den Meridianschnitt mit den wesentlichen Parametern der Uhr: *OG* ist die Kegelachse, α der halbe Öffnungswinkel, *FG* der in der Zeichnung horizontal in den Kegelraum hineinragende Gnomon. Seine Spitze *G* liegt in der Kegelachse, und diese ist unter dem Winkel φ gegen den Horizont geneigt. *GW, GS* und *GA* sind die Sonnenstrahlen durch *G* zu den Kardinalpunkten *W, A* und *S*. Die Datumslinie durch *W* hält zur Datumslinie durch *A* immer den Abstand *WA*. Entsprechend ist der Abstand der Datumslinie durch *S* zu jener durch *A* immer *AS*.

Aus den Dreiecken *WAG* und *ASG* kann man α bestimmen. Es ist, für eine Schiefe von 24°,

(F 111) $\tan \alpha = \tan 66° \cdot (AS - WA)/(AS + WA)$.

Den Radius *GA* des Äquinoktialkreises bestimmt man aus $12 \cdot a/\pi$. Das *a* soll den durchschnittlichen Abstand der einzelnen Stundenlinien auf dem Äquinoktialkreis bezeichnen. Bei der Kasseler Uhr ergibt sich $a = 21$ mm und damit $GA = 80$ mm.

Berücksichtigt man Längenmeßfehler bis 1 mm für jede Richtung wird, bei Anwendung von (F 111):

AS in mm	*AW* in mm	*AS – AW* in mm	*AS+AW* in mm	*(AS–AW) / (AS+AW)*	$\tan \alpha$	α in °
57	35	22	92	0,24	0,54	28,24
58	**34**	**24**	**92**	**0,26**	**0,59**	**30,37**
59	33	26	92	0,28	0,63	32,4

Die Ortsbreite φ findet sich im Dreieck *FAG*. Man erhält:

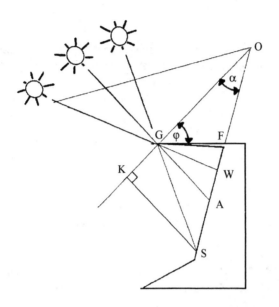

Abb.61

(F 112) $\tan \varphi = (GA - AF \cdot \sin \alpha)/(AF \cdot \cos \alpha)$,

In (F112) werden die berechneten Werte für α eingesetzt. Es ergibt sich

GA in mm	α in °	AF in mm	$AF \cdot \sin\alpha$ in mm	$GA-AF \cdot \sin\alpha$ in mm	$AF \cdot \cos\alpha$ in mm	$\tan\varphi$	φ in °
78	32,4	66	35,36	42,64	55,73	0,77	37,42
80	**30,37**	**65**	**32,86**	**47,14**	**56,08**	**0,84**	**40,05**
82	28,24	64	30,28	51,72	56,38	0,92	42,53

Als Herkunftsregion für die Sonnenuhr läßt sich so ein großer Bereich bestimmen, der *Hüttigs* Ortszuschreibung mit einschließt. Doch könnte die Sonnenuhr auch für die Gegend um Rom geschaffen worden sein. So gibt es zum Beispiel einen sehr ähnlichen Fund von dem antiken Velitrae (41,7°), während der Typ aus Sizilien bislang unbekannt ist.

Die große Streuung für φ zeigt, daß, infolge der geringen Größe der Uhr, Meßfehler einen beachtlichen Einfluß auf das Ergebnis ausüben. Welche Auswirkungen hat diese Ortsunsicherheit für die Bestimmung von *Zeitdif* ? Im Äquinoktium beschreibt der Schatten der Gnomonspitze auf der

Kegelfläche eine Kreisbahn mit dem Radius GA. Die Formel zur Ermittlung von *Zeitdif*, die hier zu verwenden ist, ist damit identisch mit (F 99,2), nur daß R durch GA ersetzt wird. Bei der Bestimmung der Genauigkeit der Uhr ist also ihre Herkunft bzw. ihre Ortsbreite φ von untergeordneter Bedeutung, wenn nur der Zusammenhang, wie er in (F 112) zum Ausdruck kommt, gewahrt bleibt. So erhält man einen Wert von $\varphi = 41{,}7°$, wenn man für die halbe Kegelöffnung $28{,}24°$, für $AF = 64$ mm und für $GA = 80$ mm einsetzt. Mit diesem GA soll die Rechnung zunächst fortgesetzt werden.

n	2	3	4	5	6	7	8	9	10
$A(n)$ in mm	-82	-69	-45	-23	0	22	43	64	86
$t'(n)$ in °	-58,73	-49,42	-32,23	-16,47	0	15,76	30,80	45,84	61,59
$t(n)$ in °	-60	-45	-30	-15	0	15	30	45	60
Zeitdif in min	5	-18	-9	-6	0	3	3	3	6

Die Uhr zeigt demnach für $GA = 80$ mm eine ganz passable Genauigkeit, mit der man sich in der Römerzeit vermutlich meist zufrieden gegeben hat.

Verzichtet man auf hohe Genauigkeit, machen sich bei diesem Typ kleine Abweichungen bei $A(n)$ und GA kaum bemerkbar, wie die nachfolgende Kalkulationstabelle zeigt. Der Typ ist also sehr fehlertolerant. *Hüttig* rechnete mit $GA = 84$ mm, doch auch andere GA liegen im Bereich des Möglichen.

Zeitdif in min / n	2	3	4	5	6	7	8	9	10
für $A(n)$+1 mm und GA = 80 mm	8	-15	-6	-3	0	6	6	6	9
für $A(n)$−1 mm und GA = 80 mm	2	-21	-12	-9	0	0	0	0	4
für $A(n)$ und GA = 79 mm	2	-20	-11	-7	0	4	5	6	9
für $A(n)$ und GA = 81 mm	8	-15	-7	-5	0	2	-2	1	3
für $A(n)$ und GA = 82 mm	11	-13	-6	-4	0	1	0	-1	0
für $A(n)$ und GA = 83 mm	14	-11	-4	-4	0	1	-1	-3	-3
für $A(n)$ und GA = 84 mm	16	-8	-3	-3	0	0	-3	-5	-5
für $A(n)$ und GA = 85 mm	19	-6	-1	-2	0	-1	-4	-7	-8

Die Unsicherheit bei der Bestimmung von GA oder auch von α ist natürlich unbefriedigend, kommt doch beiden hier eine ähnliche Bedeutung zu wie dem Kugelradius bei der Hohlkugelsonnenuhr. Als Kontrolle ist deshalb eine zusätzliche Messung empfehlenswert. Da die tägliche Schattenkurve auf dem Kegelmantel stets einen Kreis beschreibt, kann man zum Beispiel mit der in Abb.54 dargestellten Stricknadelmethode den Radius *KS* des Sommersolstitialkreises ermitteln. Aus dem Dreieck *KSA* erhält man *KS—GA* = *SA* · sin α, was man zur Prüfung von α heranziehen kann. Weitere Gleichungen dazu findet man bei *Gibbs*.

Zusammenfassung

Die Kasseler Hohlkegeluhr wurde für einen Ort konstruiert, dessen geographische Breite zwischen 38° und 42° vermutet werden kann. Infolge ihrer geringen Größe ist der Bereich allein aus der Vermessung der Äquinoktiallinie nicht genauer zu bestimmen.

> *H. Michel, Messen über Zeit und Raum (bearbeitet v. P. A. Kirchvogel), Stuttgart 1965, S. 140f. — M. Hüttig, Analyse einer römischen Kegelsonnenuhr, in: Alte Uhren 7(1984)1, S. 64-68.*

5.6 Die Reiseuhr in Mainz

Vorbemerkungen

Die Taschensonnenuhr im Landesmuseum Mainz wurde vor 1875 am Linsenberg in Mainz gefunden. Mogontiacum, das antike Mainz, beherbergte von der Zeitenwende bis zum Ende des 1. Jh. zwei Legionen. Aus den dem Lager angelehnten Häusern der Händler und Kaufleute entwickelte sich rasch eine größere Ansiedlung, die mit dem Bau des Limes zum militärischen und wirtschaftlichen Mittelpunkt im rückwärtigen Grenzraum und, als Hauptstadt von Obergermanien, auch ein bedeutender Verwaltungsmittelpunkt wurde. Nach dem Fall des Limes in den Jahren 259/260 blieb Mainz zunächst als wichtige Grenzfestung des Reiches bestehen und besaß bis ins 4. Jh. noch einen wichtigen Binnenhafen. Trotz der harten und wechselvollen Kämpfe zwischen Römern und Germanen, die in dem römischen Rückzug und der fränkischen Landnahme endete, war der

115

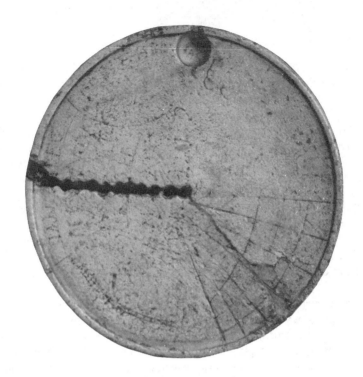

Abb.62

Mauerring offenbar unbeschadet erhalten geblieben, eine wichtige Voraussetzung für den Weiterbestand von Mainz.

Diese Höhensonnenuhr ist das einzige erhaltene Exemplar ihres Typs, deren
Form und Verwendung sich von den wenigen antiken, aber auch späteren
tragbaren Sonnenuhren signifikant unterscheidet (vgl. auch 3.6, Typ II.1).

Schlieben kommt der Verdienst zu, die Bedeutung der Uhr als erster erkannt
zu haben. Von ihm ist der heute etwas unübliche Ausdruck "Reiseuhr" übernommen. Seitdem sind verschiedene Beiträge zur Uhr erschienen, zuletzt
von *Price*, der ihre antike Herkunft vorsichtig anzweifelte.

Der Fund

Der Durchmesser der kreisförmigen Scheibe, welche aus Bein und nicht, wie verschiedentlich geschrieben wurde, aus Elfenbein gefertigt ist, beträgt 68 mm, ihre Dicke 7 mm. Der Rand steht etwas über. Beidseitig zu einer Reihe von 12 Löchern, die in nicht ganz gleichmäßigem Abstand durch die Scheibe gebohrt sind, stehen, in punktierter Schrift und teilweise kaum mehr lesbar, die Namen der Monate in verkürzter Schreibweise: IAN FEB MAR APR MAI IVN IVL AVG SEP OCT NOV DEC. Am Rand der Scheibe befindet sich eine schalenförmige Vertiefung mit dem Aufhängeloch für einen Faden. Wird die Uhr am Faden gehalten, liegt die Lochreihe genau im rechten Winkel zur Verlängerung des Fadens. Zwischen DEC und dem Aufhänge- loch sind die Reste einer Inschrift zu erkennen, welche *Riese* mutig als FORI TIBER deutete, dem Namen einer Stadt in Helvetien. Auf der anderen Seite der Lochreihe könnte sich eine weitere Inschrift befunden haben, zumindest sind dort einige Zeichen noch undeutlich zu erkennen.

Außerdem sieht man ein Liniennetz, bestehend aus sieben Strecken und vier Kreisbögen. Ein weiterer fünfter Bogen kann nur mehr vermutet werden. Die Bögen besitzen einen Radius von jeweils ca. 32 mm, was dem inneren Radius der Scheibe entspricht. Sie haben, den Rand der Scheibe als sechsten Kreisbogen miteinbeziehend, ihre Mittelpunkte nahezu im ersten, dritten, fünften, siebten, neunten und elften Monatsloch. Die Löcher sind dabei vom Zentrum aus zu zählen. Die Verlängerungen der geraden Linien treffen sich zwischen dem zweiten und dritten Loch.

Zur Verwendung

Über die richtige Verwendung der Uhr gibt es zwei Deutungen.

Die eine Ansicht stammt von *Schlieben*. *Körber* hat, ihm nachfolgend, die mutmaßliche Verwendung wie folgt beschrieben (die Buchstaben beziehen sich auf Abb.63, eine Wiedergabe der *Körber*schen Skizze): "In der am oberen Rande befindlichen Aushöhlung ist durch die Randfläche ein Loch gebohrt, durch welches ein Faden gezogen wurde. Daran aufgehängt wurde die Scheibe in lotrechter Stellung so gedreht, daß die Sonne in ihrer Ebene stand. ... Steckte man in dieses [Loch] im Monat Juli einen Stift, so fiel bei der oben angedeuteten Stellung der Scheibe sein Schatten um 12 Uhr Mittags bei **a** auf den Rand, freilich nur dann, wenn man sich annähernd unter dem Breitengrad befand, für den die Uhr gearbeitet war. ... Nach einer römischen Stunde war der Schatten bei **b**, nach einer weiteren bei **c**, bei Sonnenuntergang bei **g**. Hier war er natürlich auch bei Sonnenaufgang gewesen und hatte bis zum Mittag den entgegengesetzten Weg auf der Scheibe zurückgelegt. Dabei gilt die innere Randlinie für die Monate April-August, der nach der Mitte hin folgende Kreisabschnitt für März und September, der dritte für Februar und Oktober, der vierte (letzte) für November-Januar. ... Schnitt nun der Schatten des Stifts einen der radienartig ... zusammenlaufenden Stundenstriche genau auf der dem Monat entsprechenden Kurve, so konnte man die Stunde ohne weiteres ablesen, fiel er zwischen zwei Stundenstriche, so musste man schätzen."

Drecker wies darauf hin, daß diese Erklärung vor allem aus drei Gründen so nicht stimmen kann, zum einen wegen der "unmöglichen Verteilungsart der Monate auf die Kreisbögen... Ferner, bringt man die Ebene der Uhr in die Azimutalebene der Sonne, ... so fällt der Schatten gar nicht auf das Uhrblatt, man müßte vielmehr die Uhrebene etwas nach Westen drehen, dieses *etwas* bleibt aber eine unbestimmte Größe" (*Drecker, S. 61*). Auch sei die Vermutung, man habe bei der Messung mit dieser Uhr einen beliebig langen Gnomon und also nur die Richtung seines Schattens verwandt, für eine antike Uhr unwahrscheinlich.

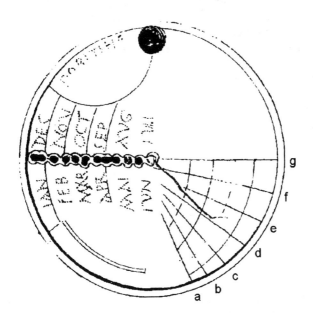

Abb. 63

118

Drecker hat deshalb eine andere Deutung der Uhr gegeben, welche seitdem in der Literatur weitergegeben worden ist. Danach ist ein Gnomon fester Länge zu verwenden, der in eines der Monatslöcher gesteckt wird. Beim Meßvorgang wird die hängende Scheibe etwas aus der Azimutalebene gedreht, bis der Schatten der Gnomonspitze M auf einen Stundenpunkt T des Monatsbogens fällt, der vom Gnomonfuß F stets 32 mm entfernt ist (Abb.64). Mit Hilfe der Stundenlinien kann man jetzt die Tageszeit ablesen. Zur besseren Vergegenwärtigung ist noch eine Horizontlinie durch F gezeichnet. FM und TF bleiben also bei jeder Messung mit der Uhr konstant.

Bei der Analyse der Uhr wird davon ausgegangen, daß sie nach einem nur unvollkommen umgesetzten Plan gefertigt wurde. Da nicht die zufälligen Fehler des Verfertigers von Interesse sind, sondern die der Uhr zugrundeliegende Zeichnung, wurde der Verlauf der Linien idealisiert. Die Mittelpunkte der Kreislinien wurden exakt auf die Horizontallinie gelegt, die Abstände der Löcher wurden gleich gewählt und die Stundengeraden so, daß sie sich im dritten Loch schneiden. Dazu mußte lediglich die Mittagslinie etwas geneigt werden.

Was sich bei beiden Deutungen mit Sonnenhöhe ändert, ist der Winkel β zwischen Horizontale und Schattenlinie TF. Dieser Winkel wird für die Analyse der Uhr entscheidend sein. Seine Werte wurden in der anschließenden Meßtabelle aufgezeichnet. Die Messung erfolgte anhand der "idealen" Zeichnung. Vermutlich deshalb ergaben sich Differenzen von 4° gegenüber

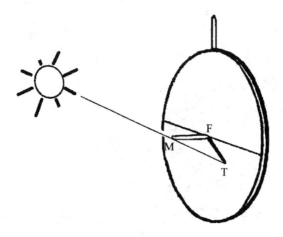

Abb.64

den Messungen von *Drecker*, dessen Ergebnisse zum Vergleich jeweils in Klammern dahinter gesetzt wurden. *Drecker* scheute sich nicht, seine Winkel sogar auf Minuten genau anzugeben. Hier sind sie sämtlich auf volle Grade gerundet.

Winkel β	Mittag 6. Stunde	5./7. Stunde	4./8. Stunde	3./9. Stunde	2./10. Stunde	1./.11. Stunde
Loch 1	71°(70°)	62°(62°)	52°(55°)	41°(40°)	28°(27°)	14°(14°)
Loch 3	62°(62°)	54°(55°)	45°(46°)	35°(35°)	24°(23°)	12°(12°)
Loch 5	52°(52°)	46°(46°)	38°(38°)	30°(29°)	20°(20°)	10°(10°)
Loch 7	45°(42°)	37°(37°)	31°(31°)	24°(23°)	16°(15°)	7°(7°)
Loch 9	35°(31°)	29°(28°)	24°(23°)	18°(18)	12°(12°)	6°(6°)
Loch 11	25°(21°)	20°(20°)	16°(16°)	13°(12°)	9°(9°)	5°(5°)

Die Berechnungen

In Abb.65 sind die für die Berechnungen nach der Theorie *Dreckers* notwendigen Längen und Winkel aus Abb.64 noch einmal vergrößert und ohne Scheibe dargestellt. Der Winkel α hat seinen Scheitel in der Spitze M des Gnomon und wird von diesem und dem einfallenden Strahl gebildet. Der Winkel β hat seinen Scheitel im Fußpunkt F des Gnomon, ein Schenkel ist die Horizontale, der andere geht durch den Stundenpunkt T. TK ist eine Parallele zur Horizontalen. Es sei h der Höhenwinkel der Sonne, dann gilt: $\sin \alpha = FT/MT$, $\sin h = LM/MT = FK/MT$ und $\sin \beta = FK/FT$. Zusammenfassend läßt sich schreiben: $\sin \alpha \cdot \sin \beta = FK/MT = \sin h$. α ist nur ein Hilfswinkel, der für die weitere Betrachtung ohne Bedeutung ist. Er soll ersetzt werden, und zwar gilt $\frac{1}{\sin \alpha} = \sqrt{1 + \frac{1}{\tan^2 \alpha}} = \sqrt{1 + \left(\frac{FM}{TF}\right)^2}$. Damit erhält man schließlich die Gleichung

$$(F\ 119) \qquad \sin \beta = \sqrt{1 + \left(\frac{FM}{TF}\right)^2} \cdot \sin h \, ,$$

welche formal etwas einfacher ist, als jene, mit der *Drecker* rechnete, aber ansonsten mit dieser übereinstimmt. Mit ihr, (F 11) und (F 12) kann man nun zu jedem h eindeutig ein β berechnen, wenn FM bekannt ist.

Doch noch ist zu klären, für welche Deklinationen die einzelnen Gnomonlöcher stehen. Um der paarweisen Gruppierung der Monate gerecht

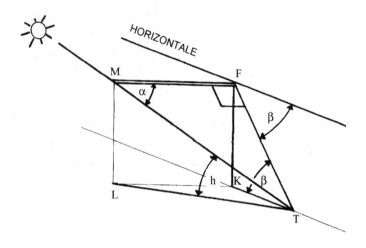

Abb.65

zu werden, bietet es sich an, ähnlich wie *Drecker* es vorgeschlagen hat, einen Monat jeweils von Sternzeichenmitte zur nächsten Sternzeichenmitte zu rechnen. Andrerseits sind die Löcher 1, 3, 5, 7, 9 und 11 den Monatsanfängen, die Löcher 2, 4, 6, 10 und 12 den Monatsmitten zugeordnet, was darauf hinweist, daß die Datumreihe nicht symmetrisch ist. Zu berücksichtigen ist auch, daß man aus den tragbaren Sonnenuhren vom Typ VI den 24. März, den 26. März oder sogar den 31. März als Äquinoktium herauslesen kann und daß *Buchner* bei Berechnungen an Typ IV mit der Annahme gute Erfolge verzeichnete, man habe "die Differenz zwischen Monat und Tierkreiszeichen meist vernachlässigt und die Abschnitte des Tierkreises mit den Monatsnamen bezeichnet" (*Buchner, S. 331*). Um es gleich zu sagen: welche von beiden Ansichten hier besser trägt, läßt sich aufgrund der vereinfachten Linienführung auf der Uhr nicht entscheiden. Die Fehler sind in jedem Fall groß, doch erscheint mir *Buchners* Vorgehensweise näher an der Antike zu sein. Unter der Voraussetzung, daß ein Wert von 24° für die Schiefe auch hier verwendet wurde, ergibt sich dann folgende Zuordnung:

Loch-Nr.	1	2	3	4	5	6
Datum	Anf. Juli	Mitte Juni Mitte Juli	Anf. Juni Anf. Aug.	Mitte Mai Mitte Aug.	Anf. Mai Anf. Sep.	Mitte April Mitte Sep.
Deklin. d	24°	23,1°	20,6°	16,7°	11,7°	6,0°

Loch-Nr.	7	8	9	10	11	12
Datum	Anf. April Anf. Okt.	Mitte März Mitte Okt.	Anf. März Anf. Nov.	Mitte Feb. Mitte Nov.	Anf. Feb. Anf. Dez.	Mitte Jan. Mitte Dez.
Deklin. d	0°	-6,0°	-11,7°	-16,7°	-20,6°	-23,1°

Ein dreizehntes Loch, das im Rand liegen müßte, fehlt.

Bei seinen Berechnungen ist *Drecker*, von der Deutung FORI TIBER unberührt, davon ausgegangen, daß die Sonnenuhr, für $\varphi = 50°$ eingerichtet wurde, was sowohl der Ortsbreite von Mainz entspricht, als auch für Germania steht. Unter dieser Voraussetzung läßt sich die vermutliche Gnomonlänge *FM* bestimmen. Am genauesten sollte die Uhr zur Mittagszeit sein. Mit Hilfe von (F 13,1) erhält man sin h. Die vermessenen β werden in sin β umgerechnet und gemeinsam mit $TF = 32$ mm und sin h in (F 119) eingesetzt. Die Gleichung wird dann nach *FM* aufgelöst.

Loch-Nr.	d	sin h	sin β	*FM* in mm
1	24°	0,8988	0,9455	10,45
3	20,62°	0,8714	0,8829	5,22
5	11,73°	0,7851	0,788	2,76
7	0°	0,6428	0,7071	14,66
9	-11,73°	0,4736	0,5592	20,09
11	-20,62°	0,3318	0,4226	25,24

Die Spannweite der Ergebnisse für *FM* führt zu den bereits angedeuteten Schwierigkeiten, daß man aus den Linien zuverlässige Aussagen nicht entnehmen kann. *Drecker* entschied sich für eine Gnomonhöhe von 10 mm, wohl weil er dem Winkel zu Loch 1 am ehesten traute. Mit diesem Wert für *FM* und mit (F 119) wurden nun die "richtigen" Größen von β bestimmt und in der folgenden Tabelle zusammengefaßt:

	Mittag	5./7.Stunde	4./8.Stunde	3./9.Stunde	2./10.Stunde	1./11.Stunde
Loch 1	71,3°	65,3°	52,9°	38,9°	24,9°	11,7°
Loch 3	66,7°	61,9°	51,1°	36,1°	24,8°	11,8°
Loch 5	55,8°	52,9°	45,2°	34,8°	23,3°	11,5°
Loch 7	42,7°	40,9°	35,9°	28,6°	19,8°	10,1°
Loch 9	29,9°	28,9°	25,8°	21,1°	15,0°	7,8°
Loch 11	20,5°	19,8°	17,9°	14,8°	10,7°	5,7°

122

Vergleicht man die gemessenen Winkel β mit den berechneten Werten, ergeben sich erhebliche Abweichungen. Der Fehler wird auch durch Abb.66 deutlich. Sie zeigt das Bild der idealisierten Sonnenuhr mit der darüber gelegten Punktlinienschar (gefüllte Kreise), wie sie sich nach Übertragung der Winkel aus obiger Tabelle ergibt. Eigentlich müßten die Stundenlinien gekrümmt sein. Der Entwerfer des Plans hat aber nun, sei es aus Unkenntnis oder aus Gründen der Vereinfachung, die Linien als Strecken gezeichnet, was zu dem fehlerhaften Liniennetz führte.

Aufgrund der erheblichen Linienabweichung ist jedoch Vorsicht geboten, den *Drecker*schen Ansatz ohne weiteres zu akzeptieren. Es liegt zwar nahe, aufgrund des Fundortes anzunehmen, die Uhr sei für $\varphi = 50°$ konstruiert worden. Aber für eine andere Ortsbreite und einer entsprechend anderen Gnomonlänge ergibt sich eine Kurvenschar, die kaum schlechter approximiert. Und was, wenn die Uhr tatsächlich für einen Gnomon beliebiger Länge konstruiert worden ist, so wie es *Schlieben* vermutete? Unter dieser Voraussetzung, alles andere soll unverändert von *Dreckers* Ansatz her übernommen werden, fällt M auf F, (F 119) wird zu $\sin \beta = \sin h$ und bei den in der Tabelle auf Seite 119 angegebenen β handelt es sich nun um Sonnenhöhen h (vgl. auch *Price, S. 247*, der das Liniennetz offensichtlich so

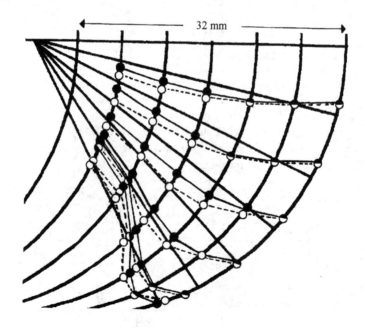

Abb.66

interpretierte). Jetzt läßt sich die Ortsbreite direkt aus der Tabelle ablesen. Zum Äquinoktium ist nämlich $h = 90° - \varphi$ und zum Sommersolstitium $h = 90° + 24° - \varphi$ (vgl. z. B. Abb.55). Für unsere Uhr ist danach $\varphi = 44°$, ein Wert, den auch *Schlieben* aufgrund seiner Interpretation der Uhr erhielt. Eine Berechnung mit diesem φ führt zu der Punktlinienschar mit den leeren Kreisen (Abb.66). Es stellt dies keine Verbesserung, aber auch keine wesentliche Verschlechterung gegenüber den Berechnungen nach *Drecker* dar. Die Mittagslinie wird sogar etwas besser angenähert.

Zusammenfassung

Aufgrund der geringen Größe der Uhr und der vereinfachten Darstellung der Stundenlinien ist eine genaue Zeitangabe durch sie ebenso unmöglich, wie eine zweifelsfreie Zuschreibung der Uhr zu einem bestimmten Breitengrad. Eine Verwendung für Mainz ist ebenso denkbar, wie eine Fertigung für Ravenna. Auch der korrekte Gebrauch der Uhr kann nicht mit letzter Sicherheit aus ihr erschlossen werden. Geht man davon aus, daß es sich um kein Einzelstück handelt, werden weitere Funde möglicherweise näheren Aufschluß darüber geben können.

A. Schlieben, Römische Reiseuhren, in: Annalen des Vereins für nassauische Altertumskunde XXIII(1891), S. 117-128. — K. Körber, Inschriften des Mainzer Museums, 3. Nachtrag, Mainz 1900, S. 119f. — A. Riese, Das rheinische Germanien in den antiken Inschriften, 1914, S. 229, Nr. 2066. — E. Buchner, Römische Medaillons als Sonnenuhren, in: Chiron 6(1976), S. 329-346.

OSTWALDS KLASSIKER
DER EXAKTEN WISSENSCHAFTEN

Band 201
Archimedes
Abhandlungen
Reprint der Bände 201, 202, 203, 210 und 213
• Über Spiralen, Band 201
• Kugel und Zylinder, Band 202
• Die Quadratur der Parabel, Band 203
• Über das Gleichgewicht ebener Flächen, Band 203
• Über Paraboloide, Hyperboloide und Ellipsoide, Band 210
• Über schwimmende Körper. Die Sandzahl, Band 213
Übers., Anm. und Anhang: A. Czwalina-Allenstein
ISBN 3-8171-3201-8

Band 280
F.X. von Zach
Astronomie der Goethezeit
Textsammlung aus Zeitschriften und Briefen
Ausgew. und kommentiert
Franz Xaver von Zachs
ISBN 3-8171-3400-2

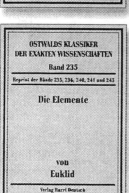

Band 235
Euklid
Die Elemente - Bücher I bis XIII
Reprint der Bände 235, 236, 240, 241 und 243
Hrsg. und Übers.: C. Thaer
ISBN 3-8171-3235-2

K. SIMONYI

KULTURGESCHICHTE DER PHYSIK
Von den Anfängen bis 1990

VERLAG HARRI DEUTSCH
THUN • FRANKFURT AM MAIN

K. Simonyi
**Kulturgeschichte
der Physik**
Von den Anfängen
bis 1990
ISBN 3-8171-1379-X

*...Wenn man kein anderes Werk über die Geschichte der Naturwissen
schaften hat, dieses müßte her. Für den interessierten Leser, ob Laie
oder Fachmann, ist es ein reichhaltiger Fundus, den zu erschließen
unerwartetes Vergnügen bereitet...*

F.A.Z.

*...Kulturgeschichte der Physik, Wissenschaftsgeschichte: das ist noch
viel zu bescheiden. Das Buch ist eine Bibliothek, ein Bildarchiv, ein
Kulturdepot...*

Norddeutscher Rundfunk

*...Der Ungar Károly Simonyi hat ein Buch geschrieben, das seines-
gleichen sucht...*

Rheinischer Merkur

Deutsch Taschenbücher

Band 83

Arnold Zenkert

Gestirns-Kompaß

Die Orientierung im Gelände nach Sonne Mond und Sternen

Verlag Harri Deutsch
Thun und Frankfurt am Main

Deutsch Taschenbücher
Band 93
Arnold Zenkert
Gestirns-Kompaß
Die Orientierung im Gelände nach Sonne, Mond und Sternen
ISBN 3-8171-1541-5

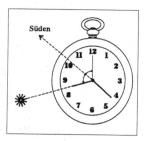

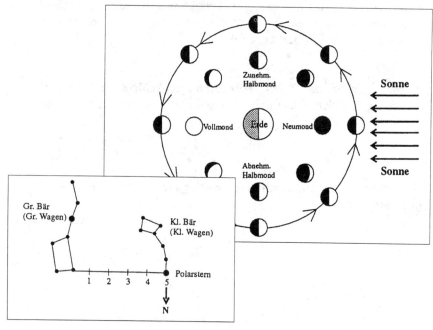